La gripe aviar

Si está interesado en recibir información sobre nuestras publicaciones, envíe su tarjeta de visita a:

Amat Editorial
Travessera de Gràcia, 18-20, 6º 2ª
08006 - Barcelona
Tel. 93 410 97 93
Fax 93 410 28 44
e-mail: info@amateditorial.com

Marc Siegel

La gripe aviar

Amat Editorial

La edición original de esta obra ha sido publicada en lengua inglesa por John Wiley & Sons, Inc., Hoboken, New Jersey (EE.UU.), con el título: *Bird Flu, Everything You Need to Know About the Netx Pandemic.*

Autor: *Marc Siegel*
Traducción: *Eduard Sales*
Diseño cubierta: *Jordi Xicart*

ISBN: 84-9735-268-8
Fotocomposición gama, s.l.
Depósito Legal: B-17.393-2006
Impreso por: T.G. Vigor, S.A. -Sant Feliu de Llobregat (Barcelona)
Impreso en España - *Printed in Spain*

Índice

Agradecimientos ... 7
Introducción ... 9

Primera parte
Realidad y ficción

1. Lo esencial sobre la gripe aviar ... 19
2. La historia de la gripe aviar ... 41
3. La gripe española frente a la gripe porcina ... 53
4. A vista de pájaro ... 69
5. El Tamiflu y la vacuna para la gripe aviar ... 81

Segunda parte
La evolución de la preocupación por la gripe aviar

6. Nuestra cultura del miedo ... 97
7. Neumonía asiática ... 115
8. La otra gripe ... 127
9. ¿Sabemos que es una pandemia cuando la vemos? El SIDA frente a la gripe aviar ... 141
10. Perspectivas ... 159

Agradecimientos

La gripe aviar ha asustado al mundo de repente. Sentía que la discusión sobre la gripe aviar requería más matices, más perspectivas y para lograr mi objetivo tenía que escribir este libro de una manera oportuna.

El objetivo lo conseguí gracias al sacrificio de mi maravillosa mujer, Luda, ya que ella fue quien se hizo cargo básicamente de nuestro bebé Samuel durante las últimas semanas, mientras he trabajado en este proyecto.

Agradezco a mis pacientes sus comentarios diarios conmigo sobre la gripe aviar, observaciones que inspiraron buena parte de este libro. En algunos casos, los comentarios en mi consulta eran tan llamativos que fueron a parar directamente a estas páginas; en estos casos, he cambiado los nombres de los pacientes para proteger su privacidad.

También quisiera agradecer al estupendo equipo de la editorial, que respaldan un libro por la misma razón que yo: porque les apasiona. Estoy muy agradecido por el compromiso de la directora editorial, Kitt Allan, y a mi editor, Eric Nelson, que han mostrado un gran entusiasmo y apoyo. Eric me ha ayudado a investigar y organizar este libro, y su esfuerzo ha sido tan importante como el mío para asegurar que este libro llegaba a buen puerto. Su ayudante, Connie Santisteban, también fue crucial en este proyecto. De igual manera, mi agente, Joelle Delbourgo, ha trabajado muchas horas coordinando y dando su apoyo. Su sabiduría y experiencia fueron esenciales para hacer que este proyecto despegara.

Mi extraordinario amigo y prácticamente mi *alter-ego*, Ken Blaker, ha trabajado incansablemente conmigo en el manuscrito estas pasadas semanas y ha contribuido con incontables observaciones. Ira Berkow, columnista del *New York Times*, me ha ofrecido una vez más sus sabios comentarios y apoyo.

Mike Onorato, director adjunto del departamento de publicidad en Wiley, ha generado mucha expectación por mi obra. Me ha ayudado enormemente a difundir mi mensaje.

John Simko, un consumado editor de producción con un ojo meticuloso para los detalles, escudriñó este manuscrito con un inmenso esfuerzo.

Finalmente, quisiera agradecer a los medios de comunicación por haberme dado una plataforma en la que poder expresarme. Muchos editores de periódicos y revistas y productores y de radio y TV se han mostrado entusiasmados por mis puntos de vista y me abrieron los brazos. Los medios de comunicación, aunque muy a menudo generan alarma, también suelen ser receptivos a ampliar las perspectivas, por lo que hay que darles crédito.

Introducción

El 20 de noviembre del 2005, el doctor Anthony Fauci, director del Instituto Nacional de Alergias y Enfermedades Infecciosas del NIH (Instituto Nacional de Salud) estadounidense, estaba entre un jurado de expertos entrevistados en el programa de la NBC, «Meet the Press» (Encuentro con la prensa) moderado por Tim Russert.

Mr. Russert: «Doctor Fauci, ¿cómo explica esto a la gente, que estemos aquí hablando acerca de la posibilidad de una gripe pandémica? En primer lugar: ¿Según usted, cuántas posibilidades hay? Y en segundo lugar: ¿Hasta qué punto la gente debería asustarse?»

Doctor Fauci: «Creo que es importante poner en su contexto una gripe pandémica en general... Tuvimos el peor de los casos en 1918 con... 50 millones de muertos... Si miramos la situación en 1968, era totalmente diferente. Aún seguía siendo una pandemia... pero hablando relativamente, fue bastante suave... Más pronto o más tarde, de la manera en que evoluciona el virus, acabaremos teniendo otra pandemia. Podría ser dentro de un par de años; podrían ser 15 o 20 años. Si eso no ocurre, no significa que no debamos prepararnos, ya que tarde o temprano ocurrirá».

Esta cita del doctor Fauci, uno de los expertos sobre enfermedades infecciosas más prominentes, resulta convincente, pero me preocupa que la mayoría de televidentes se queden sólo con una frase: «50 millones de muertos». He escrito este libro debido a mi preocupación por la facilidad con la que la gripe aviar puede generar alarma social. Es muy fácil personalizar noticias como ésta y creer erróneamente que estamos ante un riesgo inmediato. Sigan leyendo y verán el tema de la gripe aviar como la amenaza teórica que es en el amplio contexto de las enfermedades y la salud pública.

Los funcionarios de la salud pública necesitan recaudar dinero para sus proyectos. Resulta fácil justificar una necesidad específica señalando a una amenaza general más grande. Demasiado a menudo, las exageraciones que estos líderes suelen emplear para generar el interés público conducen a que los fondos obtenidos vayan a parar a los lugares equivocados. Una cosa es prepararse para el peor escenario posible, y otra dedicar buena parte de nuestra atención y dinero a un resultado raro pero potencialmente devastador a corto plazo, que no permite que nos preparemos debidamente para los asuntos a largo plazo.

La mayoría de nosotros nos sentimos muy motivados por nuestro miedo a la muerte. Y éste está conectado con nuestro miedo a lo desconocido. La mayoría de la gente, cuando surge el tema de la gripe aviar, se plantea exactamente la misma pregunta, con las mismas palabras: «¿Vamos a morir todos?». Todo esto no sale de la nada. La declaración más prominente que circula por los medios de comunicación sobre la gripe aviar es: «No es una cuestión de qué, sino de cuándo». Es una declaración hecha para generar información, pero acaba por crear terror y nos hace pensar que la llegada de la guadaña es inminente.

De hecho, no es un hecho que el actual virus de la gripe aviar (el que está causando estragos entre los pájaros en Asia, matándolos a millones) mutará lo suficiente como para que se transmita fácilmente entre seres humanos. Tampoco lo es que incluso si esa mutación acabara por ocurrir, el virus resultante mataría a la gente con la misma aterradora velocidad con la que está matando a las aves. También está lejos de ser cierto, dada la tecnología y los cuidados médicos actuales, que incluso si esta gripe aviar se convirtiera en una auténtica matanza de seres humanos, fuese un reflejo del peor de los escenarios posibles (o aún peor), como lo ocurrido en 1918 con la llamada gripe española.

Sin duda, es bueno estar preparados para el peor de los casos posibles. Sin embargo, es ingenuo pensar que la preparación no está determinada por las expectativas. Si la gripe aviar muta este año y empieza a despegar, nuestra mejor apuesta sería la acumulación masiva de medicamentos de emergencia por parte de los gobiernos. Si se produjera la peor de las situaciones posible, y aún faltan años para que llegue la próxima pandemia de gripe, la dirección más prudente sería actualizar nuestra capacidad de fabricar vacunas mediante el uso de la ingeniería genética.

Los fabricantes de vacunas temen las nuevas tecnologías debido a que son caras y, si se aplican a la ligera, existe el riesgo de enfrentarse a demandas judiciales debido a los potenciales efectos secundarios adversos. Además, la fabricación de vacunas es muy cara (con un comparativamente bajo margen de beneficios), especialmente si tenemos en cuenta la necesidad importante de esterilización. Pero el método actual requiere de 3 a 6 meses, lo que nos colocaría en una pobre situación para reaccionar en el caso de que el virus se extendiera letalmente entre humanos.

Así que nuestros administradores de la sanidad pública se concentran en el peor de los escenarios posibles porque saben que la red de seguridad es porosa. Construir esa red de seguridad hasta el punto de que pueda hacer frente a todas las posibilidades requiere un apoyo gubernamental significativo a la industria de las vacunas (esto es, seguros, leyes de compensación por responsabilidades, miles de millones de dólares), así como capacidad de respuesta de emergencia de nuestros hospitales nacionales. Mientras tanto, nuestros administradores sanitarios tienen la difícil tarea de informar a la población de tal manera que sea honesta pero que no provoque el pánico.

Desgraciadamente, el miedo es su propio virus. Se extiende más rápidamente y causa mucho más daño que la gripe. Por ejemplo, en el clima actual del temor por la gripe aviar, si un solo pollo se infectara con el virus H5N1, es probable que causara un daño tremendo a la industria aviar del mundo. Los pollos estarían prohibidos, igual que la ternera procedente de Europa fue prohibida desde principios de la década de 1990 debido a la enfermedad de las vacas locas.

Podemos aprender cómo no debemos reaccionar de manera exagerada observando la historia reciente. Por ejemplo, con la enfermedad de las vacas locas, la economía británica quedó parcialmente afectada por la abrumadora atención que se prestó al peor de los escenarios posibles, pero no se prestó suficiente atención a la barrera de las especies que nos protege de las infecciones animales. Más de 100.000 vacas tuvieron encefalopatía espongiforme (la enfermedad de las vacas locas) en el momento álgido, pero con todo el pánico que causó, sólo poco más de 100 personas se han infectado por comer ternera.

De manera similar, la neumonía asiática ahogó la economía de ese continente por temor a que barriera todo el mundo debido a que no fuéramos inmunes a este virus emergente. Es más prudente tomar precauciones, pero la neumonía asiática, como los virus Ébola y Marburg, ha hecho mucho más daño por el pánico que generó que por las muertes causadas por el propio virus. Aun con toda la atención que recibió en el año 2003, la neumonía asiática infectó aproximadamente a 7.000 personas en todo el mundo, aunque la economía asiática sufrió unas pérdidas de más de 30.000 millones de dólares. El miedo era el virus predominante acerca de la neumonía asiática, igual que amenaza con suceder con la gripe aviar.

En el Reino Unido, después de que se descubriera que un loro tenía el temido virus de la gripe aviar, el consumo de pollo cayó inmediatamente a una tercera parte. En Asia, donde los pollos caminan por las calles, la manipulación de las aves es una práctica más común, y también existen prácticas rituales, como las peleas de gallos, que requieren un estrecho contacto (incluido el intercambio de la saliva de las aves). Hasta ahora ha habido menos de 140 casos, con unas 70 muertes. Y sin embargo, a pesar del bajo riesgo, la gente en Asia está petrificada.

El miedo se extiende sin que actualmente exista ningún riesgo. Mucha gente teme viajar a Asia, y a comer o tocar una ave. Esto es porque nos enganchamos de manera enfermiza a los noticiarios y porque los administradores de la salud pública (que están entrenados para trabajar en laboratorios y en la ciencia epidemiológica, no para hablar en público) no saben cómo informarnos sin que tengamos que asumir lo peor.

Los costes económicos potenciales de la gripe aviar son asombrosos. Si el peor escenario posible ocurre y hay una pandemia, probablemente habrá un estrago económico, ya que el comercio normal entre países se interrumpirá. Si ocurre el caso más probable, y es que no haya una pandemia humana inminente, seguiremos estando a merced de nuestros temores. Por ejemplo, muchos millones de dólares se perderán por miedo a las aves de corral si un solo pollo muere de gripe aviar.

Durante un típico día reciente en mi consulta vi a 15 pacientes, y cada uno de ellos me preguntó sobre la gripe aviar, aunque varios se olvidaron de preguntar por las enfermedades por las que les estaba tratando. Estas fueron algunas de las preguntas habituales que me hicieron:

«¿Existe una vacuna?»
«¿Debería tener una reserva de Tamiflu a punto?»
«¿Vamos a morir todos?»
«¿Cuáles son los típicos síntomas de la gripe aviar a los que debería estar atento?»

Todas estas preguntas y muchas más serán abordadas a lo largo de este libro. Todas mis respuestas implican poner la información en su contexto y a la vez aprender a no obsesionarse acerca del peor escenario posible. Uno de mis pacientes, el Sr. Lilly, se obsesionó tanto con la gripe aviar que dejó de tomar cualquier tipo de ave de corral. Previamente ya había dejado de comer ternera por miedo a la enfermedad de las vacas locas, y pescado por miedo al mercurio. Seguiría una dieta vegetariana hasta que se diera cuenta de que era casi imposible encontrar verduras que no estuviesen manipuladas genéticamente.

Estaba a punto de decirle al pobre Sr. Lilly que los síntomas típicos de la gripe aviar son los mismos que los de la gripe tradicional, sólo que más agudos. Pero me di cuenta a partir de mi trabajo en los medios de comunicación que explicar síntomas hipotéticos hacía que parecieran más reales e inminentes, y probablemente contribuirían aún más a su intranquilidad.

En vez de eso, probé con un poco de humor.

«Si Chicken Little no teme la gripe aviar, ¿por qué deberíamos temerla nosotros?»

Eso no funcionó. Dijo que Chicken Little seguramente estaba asustado por la gripe aviar, todos los pájaros lo estaban, pero que la película se había estrenado antes que la actual preocupación.

«Este virus ha estado presente desde la década de 1950, y ocasionalmente ha habido casos de humanos afectados en personas que han tenido contacto directo desde 1997.»

«Se está contagiando entre las aves. Es sólo una cuestión de cuándo», dijo Lilly.

Hubo ese tipo de declaraciones por parte de la sanidad pública, ahora en boca de uno de mis pacientes más preocupados.

«De acuerdo», dije. «Los síntomas de la gripe aviar son los mismos que los de la gripe tradicional, sólo que más pronunciados: dolor de cabeza, dolores musculares, fiebre, dolor de garganta y congestión en el pecho. Y una urgencia irresistible de ensuciar el cristal delantero del coche de alguien.»

Seguía sin reír.

«Muy gracioso», dijo. «Se toma un asunto serio a la ligera».

Eso no era lo que intentaba hacer. Pero estaba preocupado porque demasiada atención hacia la gripe aviar pudiese desviar la atención de otras enfermedades esenciales que ya nos estaban matando. De hecho, me invitaron a participar en una conferencia internacional sobre el SIDA a principios del 2006 precisamente porque sus impulsores estaban preocupados por si una excesiva atención hacia la gripe aviar podría restar los recursos necesarios para el SIDA. La mía debía ser la voz de la razón necesaria para explicar que la gripe aviar es una gran preocupación debido a lo que *podría* hacer, mientras que el SIDA (más de 3 millones de muertos cada año en el mundo), la tuberculosis (2 millones de muertos al año), y la malaria (1 millón de muertes al año) son preocupaciones debido a lo que *ya están haciendo*.

Y en mi consulta en Nueva York hay enfermedades mucho menos misteriosas que la caprichosa gripe aviar que sí están matando a mis pacientes. (Podría ser una buena idea evitar comer pollo frito, pero porque está frito, no porque sea pollo.) Las enfermedades mortales habituales (obesidad, enfermedad coronaria, cáncer, apoplejía) se combinan para matar a muchos millones de personas en todo el mundo cada año. La gente que se preocupa por la gripe aviar añade estrés a la ecuación y así hay más riesgo para estas enfermedades ordinarias. Y quienes se preocupan tienen más probabilidades de tener accidentes de automóvil, que matan a más de 1 millón de personas cada año en todo el mundo.

Irónicamente, el SIDA, que puede perder la atención necesaria en favor del «bicho del día» que es la gripe aviar, se usa como una de las justificaciones para la intensa obsesión pública con la gripe aviar. «Dejamos que el SIDA campara a sus anchas; estaba casi en medio mundo antes de que nadie en la comunidad científica se lo tomara en serio. No vamos a permitir que esto ocurra de nuevo» (así más o menos va el argumento en beneficio de la prensa).

En el lado opuesto de la discusión está la comprensión de que el fundamento del SIDA se ha usado previamente para justificar reacciones de las autoridades sanitarias a las abejas asesinas, la enfermedad de las vacas locas, el ántrax, el virus del «oeste del Nilo» y la neumonía asiática, reacciones que en su momento fueron desproporcionadas con relación al riesgo real. Las predicciones de las autoridades sanitarias han tenido una media de puntería baja. Los fracasos previos para reducir el SIDA a tiempo son apenas justificaciones para las reacciones exageradas a todo lo demás, en parte porque aún se necesitan recursos para el SIDA, una enfermedad masiva mortífera en todo el mundo.

La gente del Gobierno también asegura que debido a que el huracán Katrina provocó tal devastación y estábamos tan poco preparados para eso, hemos de prepararnos ahora para la gripe aviar antes de que sea demasiado tarde. Pero el Katrina no justifica hacer sonar todas las alarmas por todo. El Katrina era una situación probable, no el peor de los casos. Parecía probable que esos diques en Nueva Orleans fueran a romperse a consecuencia de un huracán de la fuerza del Katrina. De hecho, en parte fue debido a que la Federal Emergency Management Agency (FEMA) había sido designada bajo la protección del Department of Homeland Security y se nos dijo que estábamos más preparados para el terror biológico que para un desastre natural que era más o menos inevitable.

Estar preparados significa tener en cuenta tanto la posibilidad de que ocurra un suceso como el número de personas que pueden verse afectadas. Estar preparados significa considerar el peor escenario posible a la vez que prepararse para los que sean más probables. La comunicación del riesgo al público incluye aprender el lenguaje de las probabilidades para que el público aprenda cómo diferenciar entre un suceso improbable y otro que es probable.

La mayor dificultad a la hora de lograr una perspectiva acerca de la gripe aviar y el riesgo asociado se debe al hecho de que los científicos que han pasado sus vidas trabajando en laboratorios están muy mal preparados para transmitir sus ideas en ruedas de prensa. En esta época de noticias por cable las 24 horas, los mensajes se transmiten instantáneamente a todo el mundo, y el impacto es enorme. La intensidad acerca de un virus, productivo a la hora de enfrentarse con un microscopio, es probable que sea malinterpretada a través de las ondas como algo que significa que el peligro es inminente.

La mayoría de la gente, cuando piensa en la gripe aviar, tiene en mente una película diferente de «Chicken Little». De alguna manera, los pájaros nos asustan. Se lanzan en picado y poseen pequeños ojos brillantes, garras y picos, y nunca sabemos dónde estarán en un momento dado. Alfred Hitchcock lo entendió bien, y utilizó la narrativa de los pájaros peligrosos que conquistaban toda una población de manera bastante efectiva en su película «Los pájaros».

Pero Hitchcock también señaló que la razón por la que asustaba a la gente cómodamente en el plano del entretenimiento era que al final de la película se apagaba el proyector y todo el mundo se iba a su casa, de vuelta a una vida segura, rutinaria y normal.

Desgraciadamente, con el temor a la gripe aviar no se puede volver a casa. Las enfermedades que nos atemorizan de manera desproporcionada por su capacidad de infectarnos (excepto en el peor de los escenarios posible) permanecen en nuestra mente, y creemos que van a sucedernos a nosotros. El miedo no es racional, pero es muy poderoso. Una vez ha empezado, resulta muy difícil desconectarlo.

Primera parte

Realidad y ficción

1

Lo esencial sobre la gripe aviar

¿Qué es la gripe aviar?

Todas las gripes aviares son del tipo A. La gripe A es básicamente un virus respiratorio que causa tos, congestión, dolor de garganta, dolores musculares, fatiga y fiebre en la mayoría de las especies a las que infecta.

Esta cepa (también denominada virus H5N1) apareció en Hong Kong hace 8 años, aunque puede que exista desde hace unas cuatro décadas. Básicamente ha afectado a las aves de corral asiáticas. Al hacerse pruebas en laboratorios, se ha descubierto que es bastante mortífera, matando a 10 de cada 10 embriones de pollo contra el cual se estaba probando. Sin embargo, resulta difícil decir a cuántas aves ha matado en Asia, debido a que millones de aves han muerto a manos de seres humanos para prevenir su contagio. Tan pronto como un pollo desarrolla los síntomas, se sacrifica junto a los pollos que puedan haber estado en contacto con él.

También parece ser bastante mortal en los humanos, aunque en Hong Kong en 1997 muchas personas desarrollaron anticuerpos al virus y no enfermaron. Existe la preocupación de que si el virus muta, cause una pandemia debido a que no hemos desarrollado una inmunidad hacia él. Esta mutación podría ocurrir al azar o bien si el virus mezclara su ADN con un virus de la gripe humano en un cerdo o en una persona. Pero también es bastante posible (de hecho, es aún más probable) que quizás nunca mute en absoluto o que si muta, el virus mutado diera como resultado una enfermedad mucho menos grave en los seres humanos.

¿Qué es la gripe?

La gripe es un virus. A diferencia de las bacterias, que son unicelulares, un virus no es una célula completa y no puede reproducirse por sí misma. Para reproducirse, un virus infecta una célula y utiliza los recursos de ésta. Esencialmente, un virus es sólo una bolsa de material genético dentro de un envoltorio de proteína. Los virus ni siquiera encajan en la definición de «vivos», aunque la mayoría de científicos están de acuerdo en que sí lo están.

Existen dos tipos de virus: ADN (ácido desoxirribonucleico) y ARN (ácido ribonucleico). La gripe es un virus ARN. La gripe viene en dos variedades: A y B. (También existe la C, que rara vez causa enfermedades). Los virus de la gripe A se encuentran en animales muy diferentes, como patos, pollos, cerdos, ballenas, caballos y focas. Los virus de la gripe B circulan ampliamente sólo entre humanos y generalmente no nos enferman como lo hace la gripe de tipo A.

Los virus de la gripe tipo A se dividen en dos subtipos basados en dos proteínas desiguales sobre la superficie del virus: la hemaglutinina (H) y la neuraminidasa (N). Estas dos proteínas identificadoras son por lo que la actual gripe aviar se conoce como H5N1. Existen 16 subtipos diferentes de hemaglutinina y 9 subtipos diferentes de neuraminidasa, y todos ellos se han encontrado entre los virus de la gripe de tipo A en pájaros salvajes. Los subtipos H5 y H7 incluyen todas las cepas patógenas actuales.

¿Cómo se contagia la gripe y qué complicaciones causa?

La gripe se contagia por gotitas a través del aire que se inhalan a través del aparato respiratorio. Se incuba en el cuerpo entre 1 y 4 días antes de que la persona se sienta enferma. Las complicaciones tienden a ocurrir en los más pequeños, en ancianos y en pacientes con enfermedades cardiopulmonares crónicas. La mayor complicación de la gripe es la neumonía de la gripe en sí misma, o la neumonía bacteriana causada por *Pneumococcus* o *Haemophilus*.

¿Cómo se diagnostica la gripe?

La gripe se diagnostica básicamente al reconocer los síntomas o mediante un examen directo de las secreciones respiratorias. Un análisis de sangre (serología) puede determinar la exposición.

¿Qué es una pandemia?

Una pandemia tiene lugar cuando mucha gente en varias regiones diferentes del mundo sufre de una enfermedad específica al mismo tiempo. Las pandemias humanas pueden ocurrir cuando estamos expuestos a un tipo de virus por primera vez y carecemos de inmunidad frente a él.

¿Existe una prueba de la gripe aviar?

La actual gripe aviar se diagnostica mediante un análisis de sangre para buscar anticuerpos del tipo H5N1. La prueba es 100% precisa, aunque no nos dice lo enferma que está un ave (o una persona). La transmisión de las aves a los humanos es posible pero rara, y casi exclusivamente mediante contacto directo o frecuente.

¿Cómo se contagia un ave?

Es endémica en las aves, especialmente en las acuáticas como los gansos y los patos. Normalmente se trata de una infección benigna del aparato gastrointestinal o el aparato respiratorio de las aves acuáticas, y ha existido en las aves durante muchos miles de años. Puede contagiarse de las aves silvestres a las aves de corral en granjas al entrar en contacto, y ciertas cepas, conocidas como gripe aviar patógena, hacen que estas aves domésticas se pongan muy enfermas. El virus de la gripe muta con frecuencia, cambiando su genética, pero rara vez cambia como para permitir que contagie a los mamíferos.

¿Cómo se contagian las aves entre sí?

Las aves transmiten virus de la misma manera que nosotros: estornudando, tosiendo y tocando a otras aves.

¿Una vez nos hemos contagiado, existe una cura?

No existe una cura para cualquier tipo de gripe, ya sea en aves o en personas. El propio sistema inmunológico del cuerpo la combate, y los medicamentos antivirales como la amantadina, la ramitidina, el Relenza y el Tamiflu son todos efectivos probablemente contra la gripe aviar H5N1, aunque el grado de efectividad no se ha podido demostrar. Aunque ha habido más de un centenar de casos en humanos declarados en Asia, no está claro si la tienen más personas, pero no las ha hecho enfermar.

En la mayoría de casos del virus anual de la gripe, la inmensa mayoría de personas mejoran sin un tratamiento especial, ya que su sistema inmunológico combate el virus. Son los casos que requieren una recuperación prolongada u hospitalización los que preocupan a los médicos.

¿Con qué rapidez se extendería una pandemia humana?

Existe la preocupación de que a través del aire se acelerara la transmisión por todo el planeta, aunque un reconocimiento científico precoz de la mutación y las comunicaciones a nivel mundial podrían ayudar a frenar el contagio avisando a la población.

¿Qué debería hacer para protegerme?

La gente está preocupada por la posibilidad de la llegada de una pandemia. La manera en que se ha comunicado esta información en los medios y a través de las autoridades sanitarias transmite un mensaje de que algo importante está al llegar. Esto hace que la peor situación posible parezca la única situación posible.

De hecho, el gobierno tiene razón al considerar el peor de los casos posible al intentar protegernos, pero hemos de considerar que una pandemia masiva quizás *no* esté próxima. Tal y como aquí sugiero medidas específicas de preparación personal, yo, también, debo ser cauto acerca de los mensajes ocultos. Cuando aconsejo un cierto tipo de preparación, debo considerar si, inadvertidamente, estoy sugiriendo que algo debe estar apunto de suceder.

No creo que esté a punto de ocurrir una pandemia masiva de gripe aviar que mate a muchos millones de personas en todo el mundo, por razones que iré explicando a lo largo del libro. La principal razón es la misma que con el tema de las vacas locas, que ha matado a cientos de miles de vacas pero solamente poco más de cien personas, y actualmente estamos protegidos por una barrera de las especies. Para que la gripe aviar se transmita de persona a persona tienen que producirse más cambios en su estructura. Los virus de la gripe mutan a menudo, pero esta forma de H5N1 parece haber estado entre nosotros desde la década de 1950, y en los 8 años que lleva infectando a millones de aves (1997-2005), los casos humanos documentados han sido muy raros (menos de 150 infecciones clínicas con 70 muertes en el momento de escribir este libro). No sabemos cuántos miles de personas han desarrollado anticuerpos a este virus y no han enfermado por él, por lo que quizás no sea tan mortífero para los humanos como parece ser. Si mutase lo suficiente como para infectarnos de forma sistemática, quizás lo haría de tal manera que fuese mucho menos letal.

¿Debería tener preparadas provisiones de comida y agua de emergencia por si acaso?

En absoluto. Nos hemos estado preguntando esto unos a otros incluso desde que los expertos nos dijeron que «el efecto 2000» provocaría el colapso de nuestros ordenadores y de los bancos en todo el país.

Las cosas siniestras nos asustan de manera desproporcionada en comparación con el riesgo real de que nos afecten, y reaccionamos, de manera natural, queriendo estar asustados. Pero la gripe aviar puede verse como una más de la larga lista de cosas sobre las que nos han avisado, y por las que supuestamente necesitamos algún tipo de «búnker» con una gran cantidad de reservas de comida y agua por si acaso.

En cierto sentido, existen pocas diferencias entre un terrorista canoso y una misteriosa gripe aviar. Ambos casos nos espantan más allá de su alcance, más allá de la probabilidad de que puedan hacernos daño. A raíz del 11-S, nuestros líderes han estado jugando a «Chicken Little». Primero fue el ántrax, luego el virus del oeste del Nilo, luego la viruela y luego la neumonía asiática. En cada caso se nos avisó de que no teníamos inmunidad y que podríamos estar en un gran riesgo. En cada uno de estos casos nadie asumió ninguna responsabilidad, ni un «lo sentimos, nos equivocamos en esto, pero simplemente queríamos prepararles por si acaso».

Resulta difícil confiar en un representante del gobierno que nos asustó innecesariamente acerca de la viruela y que ahora nos informa contextualmente acerca de la gripe aviar, aunque esa persona sea un científico reconocido.

La psique nacional ha sido dañada por todas estas falsas alarmas. Cada uno de nosotros hace valoraciones de riesgo, explorando nuestro entorno en busca de amenazas potenciales, preocupándonos cada vez más del tiempo. El centro emocional del cerebro, la amígdala, no puede procesar el miedo y el valor en el mismo momento exacto. Si pudiéramos educarnos a nosotros mismos para filtrar los peligros que no nos amenazan programando nuestros motores por defecto para tener valor, o preocupación, o risa, estaríamos mucho mejor desconectados.

No necesitamos provisiones de emergencia de comida, necesitamos líderes y fuentes de información en los que poder confiar. En una auténtica emergencia, nuestro sistema de comunicaciones por satélite será nuestro aliado si los avisos que recibimos sean exactos y no exagerados. El miedo es nuestro sistema de avisos definitivo, diseñado para protegernos contra el peligro inminente. Nuestras respuestas al miedo no deberían ser excesivamente enérgicas.

Saltando de un temor al siguiente, creamos un clima de desconfianza. Uno de mis pacientes me dijo que se estaba preparando para la pandemia de la gripe venidera no sólo almacenando comida, sino también dos fusiles, munición y un perro pastor alemán entrenado. Prevé un escenario en el que quizás tenga que encerrarse en su casa para poder proteger a su mujer y sus dos niños pequeños. Espera que la gente caiga muerta en la calle debido a la gripe, y prevé que habrá desconocidos que intentarán entrar en su casa para esconderse del virus.

Esta imagen digna de Hitchcock no sólo es bastante improbable, sino que contribuye a crear un modelo de pensamiento que hará que nos enfrentemos unos con otros. Ya estamos a medio camino de este tipo de temor irracional para acabar llegando a un estado de prejuicios muy arraigados en el que todo el mundo es «el otro» y la única manera de mantener la seguridad es parapetándonos en casa.

¿Debería lavarme las manos con más frecuencia?

Lavarse las manos es siempre una buena idea como medida de protección contra cualquier virus respiratorio y gastrointestinal, desde el resfriado común a la gripe o la mononucleosis. Las buenas prácticas sanitarias son esenciales para no contraer la gripe si estamos en contacto directo con ella, pero más que eso, la buena higiene es importante para no contraer cualquier tipo de virus o bacteria.

En otoño del año 2005, la adquisición de limpiadores de manos se multiplicó por diez. Estoy seguro de que es una reacción al temor de contraer la gripe aviar. Pero la gripe aviar no está aquí, y lavarse las manos frecuentemente o el uso de limpiadores es una manera de asegurarnos de que a corto plazo ya estamos haciendo algo para protegernos. Nunca desaconsejaría lavarse las manos, pero se ha de tener en cuenta que cualquier remedio rápido para el temor a la gripe aviar también refuerza la noción de que la gripe aviar ya casi está aquí, cuando no existe ninguna evidencia para apoyar esta teoría. Lo mismo puede decirse acerca de evitar comer aves de corral. Quizás hizo que algunas personas se sintieran más seguras durante un breve instante, pero también refuerza el malentendido de que nuestras provisiones de aves de corral están bajo riesgo, cuando no es así.

¿Debería almacenar algún medicamento para combatir la gripe aviar? ¿Qué hay del Tamiflu?

Actualmente no hay necesidad de almacenar personalmente antivirales como el Tamiflu (del laboratorio Roche) para protegernos contra la gripe aviar. El Tamiflu se ha probado en ratones para combatir la gripe aviar y probablemente es efectivo en humanos, también para reducir los síntomas, pero probablemente las dosis deberían ser más altas en el caso de la gripe aviar que en la gripe común para que fuera efectivo. Normalmente es efectivo si se toma en las primeras 48 horas después de que empiecen los síntomas. Un reciente estudio sugiere que bastaría con almacenar Tamiflu para el 25% de la población para protegernos de una pandemia colosal.

Actualmente no hay necesidad de tomar Tamiflu, excepto quizás los cuidadores de pájaros o los organizadores de peleas de gallos en zonas de Asia donde la gripe aviar es endémica. Igual que el Cipro para el ántrax, existe la tendencia debido al miedo a crear una necesidad de dependencia hacia una pastilla que no es especialmente necesaria. No sólo eso, sino que el hecho de almacenar medicamentos descarta al médico como filtro esencial para decidir cuándo debería tomarse un medicamento. El Tamiflu es un fármaco que se tolera bien, siendo las náuseas el efecto secundario más común, pero tomarlo cuando no existe una situación de auténtico riesgo de exposición o una gripe es desperdiciar el medicamento. La Amantadina, un antiguo fármaco antiviral que también es efectivo contra muchos tipos de gripe A, ha revelado en un reciente estudio haber desarrollado un 12% de resistencia a los virus de la gripe debido a un uso excesivo.

El Tamiflu es un fármaco caro que tiene aproximadamente tres años de vida en las farmacias, y debido a que lo más probable es que la gripe aviar no mute a una forma que pueda infectar de forma sistemática a los seres humanos en los próximos años, lo más probable es que o bien se haga un mal uso del Tamiflu o acabe caducando por falta de uso.

Además, incluso si lo almacenamos, sin las instrucciones de un médico nunca sabremos cuándo es el momento más indicado para tomarlo. ¿Cuando haya un rumor de que hay un loro enfermo en La Guardia? ¿Cuando un humano se contagie en Madagascar? ¿La primera vez que alguien estornuda en las inmediaciones de donde vivimos, cerca de la parada de pollos en nuestro supermercado local?

¿Cómo puedo protegerme en general contra los virus que circulan por el aire?

Esta es una pregunta importante, y las mismas precauciones básicas contra los virus respiratorios son aplicables a la gripe humana, así como a la gripe aviar si fuera a mutar a una forma que afectase a los humanos. Primero, el lavado de manos frecuente disminuye el contagio de los virus de la gripe. Hay que ser conscientes de cuántas veces damos la mano a alguien o casualmente damos un beso a alguien en una fiesta, por ejemplo. Estas prácticas amigables contagian virus como el de la gripe. Un estornudo o toser pueden propulsar un virus más de 3 metros. El humo del tabaco también contagia los virus respiratorios, así que los fumadores (y sus amigos) han de ser muy cuidadosos si están enfermos de no soplar humo en una habitación llena de gente.

Aislar a la gente enferma es la mejor protección contra el contagio de la gripe. Desgraciadamente, un paciente puede transmitir el virus durante varios días antes de que esté clínicamente enfermo. Estar en contacto directo con gente enferma debería anticipar la posibilidad de ponerse enfermo y en el «período de contagio» deberían tomarse precauciones especiales en términos de limitación de contactos personales.

¿Y qué pasa con la vacuna de la gripe anual?

La vacuna de la gripe anual ayuda a introducir una «inmunidad en las masas», que puede proteger a grupos de alto riesgo (ancianos, asmáticos, personas con enfisema y diabetes, niños pequeños, mujeres embarazadas e inmunodeficientes) disminuyendo la cantidad de virus de la gripe circulante. Pero un estudio británico de este año mostró sólo un ligero efecto a la hora de salvar vidas de ancianos.

Este resultado es consecuente con un estudio previo de los National Institutes of Health (NIH) sobre las reacciones de los ancianos a la vacuna de la gripe durante las tres últimas décadas. Pero la vacuna aún se recomienda para las personas mayores de 65 años, ya que parece disminuir el riesgo de contraer serias complicaciones a causa de la gripe, como la neumonía, que puede llevar a la hospitalización. Recomiendo la inyección anual de la gripe a cualquiera que esté en un grupo de riesgo, y sugiero que es una opción para cualquiera persona mayor de 50 años o que tenga una enfermedad crónica.

Desgraciadamente, debido a que la vacuna de la gripe aún se realiza cultivando el virus en un cultivo de pollos y huevos (una tecnología de cincuenta años de antigüedad), las personas con alergia a los huevos a menudo no pueden tolerarla.

Y por lo que se sabe, la vacuna anual de la gripe no ofrece protección contra la gripe aviar. Es un tema que aún se está debatiendo, ya que hay un paso de una protección de un tipo de gripe a otra, pero la protección significativa contra el tipo H5N1 no se ha demostrado. Tal y como explicaré más adelante en este libro, existe una investigación en marcha para desarrollar una única vacuna de la gripe que cubrirá todas las cepas, incluyendo el H5N1, y ofrecerá protección durante al menos diez años. Si dicha vacuna estuviera disponible comercialmente, sin duda alteraría las estrategias de prevención de pandemias.

Mientras tanto, la actual vacuna de la gripe es eficaz durante sólo un año. Se hace de esta manera en parte debido a que el tipo predominante de gripe anual cambia de un año para otro. Los epidemiólogos siguen su trayectoria en Sudamérica y Asia durante al menos seis meses. Los científicos intentan hacer una vacuna que consideran que encajará mejor con el tipo de gripe anual predominante.

Los pacientes de cualquiera de las categorías de riesgo también deberían considerar recibir la vacuna contra los neumococos. La vacuna de la neumonía dura entre 5 y 10 años y cubre 23 tipos diferentes de neumonía pneumocócica, una complicación habitual de la gripe que potencialmente supone una amenaza para la vida. Aproximadamente, el 50% de las muertes debidas a la gripe se deben a la neumonía, la inmensa mayoría de las cuales son producidas por la bacteria *Pneumococcus*, de la que generalmente previene la vacuna de la neumonía.

Si hubiera una pandemia de la gripe aviar, la vacuna de la neumonía sería útil de manera complementaria, ya que protegería a las personas de una complicación secundaria grave que causa aproximadamente la mitad de las muertes.

Mientras tanto, un artículo de opinión en el *New York Times,* del 30 de noviembre de 2005, hizo que mi teléfono no parase de sonar con pedidos urgentes de la vacuna de la neumonía. Aunque algunos de mis pacientes se sentían incómodos por tener que admitirlo, el artículo (aunque intentaba mostrar el valor de la protección contra la neumonía como parte de una estrategia de prevención contra la gripe) también había emitido inadvertidamente el mensaje implícito de que la pandemia estaba al caer. Esto convirtió la vacuna de la neumonía en otro tratamiento o sostén del miedo de la gripe aviar, más que la gripe aviar en sí misma.

¿Debería ponerme una vacuna para la gripe aviar?

Actualmente, no existe una vacuna para la gripe aviar para uso humano. Se ha desarrollado una para el virus H5N1, y el NIH la está probando actualmente en voluntarios ancianos con buenos resultados hasta ahora.

Pero puesto que la actual gripe aviar H5N1 no ha mutado a una forma en que pueda afectar a las personas de manera sistemática, actualmente no hay indicación para esta vacuna.

Si el tipo H5N1 muta, puede cambiar a una forma que sólo esté afectada parcialmente por la vacuna actual. En la forma actual del tipo H5N1, parece ser que las dosis altas (dadas en dos inyecciones separadas) son necesarias para lograr la inmunidad.

Se ha desarrollado una vacuna similar que es bastante efectiva en aves. Más de 20 millones de aves han sido vacunadas en China hasta ahora en un intento de ayudar a controlar el H5N1 mientras aún esté básicamente entre la población aviar.

¿Cuántas probabilidades tengo de contraer la gripe aviar?

Ahora mismo, las probabilidades son casi inexistentes para cualquiera que no tenga un contacto directo con aves en Asia. E incluso en las personas que manipulan aves en Asia, las probabilidades son mínimas. La preocupación acerca de la enfermedad en sí misma se basa en el hecho de que la gripe aviar patógena H5N1 mata de manera muy agresiva a las aves, y mientras se contagia entre ellas aumenta la carga vírica de este virus en particular.

Debido a que la gripe muta con rapidez, se teme que cuantos más virus haya, mayor será la probabilidad de que mute de manera espontánea o adquiera el material genético necesario a partir del intercambio con otros virus de la gripe en un cerdo o una persona. Pero las probabilidades de que esto ocurra son muy pequeñas para cualquier período de tiempo dado y no son directamente proporcionales con el número de aves infectadas.

Mientras escribo esto, ninguna ave migratoria lo ha llevado aún a Alaska, e incluso si ese suceso pavoroso fuera a suceder, la mayoría de aves de corral no mueren a campo abierto, donde el tipo H5N1 puede extenderse fácilmente. E incluso en Asia comer aves de corral cocinadas es seguro, aunque las aves caminan libremente por la calle en muchos pueblos y ciudades y continúan apareciendo brotes (24 brotes en China sólo este año, y en mayo del 2005 el virus H5N1 mató al 10% de los gansos). El contacto casual con estas aves no hará que contraigamos la gripe. Nos protege la barrera de especies; es muy difícil que cojamos este virus de las aves, incluso en zonas de Asia donde el virus es endémico en las aves.

Los comederos de aves son seguros; las palomas están seguras; y si nos encontramos con una ave muerta, no tenemos porqué asumir que murió de gripe aviar. Si estamos preocupados hasta ese punto, es una señal de que el miedo se está volviendo virulento, no de que el virus H5N1 se esté extendiendo.

Los medios de comunicación me bombardean con tantos avisos sobre la gripe aviar que considero que debería hacer algo. ¿Qué debo hacer?

Comer bien y hacer mucho ejercicio, las mismas cosas que siempre nos aconsejan los médicos. Ahora mismo, lo mejor es no obsesionarse por ella y continuar con las rutinas habituales. Espero que este libro aporte una perspectiva sobre la gripe aviar que contrarreste con la razón el exceso de emoción. La gripe aviar lleva entre nosotros miles de años, y existen miles de variedades del virus, algunas de las cuales mutan lo suficiente como para afectar a los humanos. Muchos tipos patógenos nunca dan ese salto. Rara vez se desarrolla un tipo de pandemia, y los dos últimos (en 1957 y en 1968) sólo han sido ligeramente peores que la gripe anual.

Es de la incumbencia de los científicos mundiales, los expertos en animales y los representantes de la sanidad por un igual que hagan lo mejor posible para intentar controlar el virus H5N1 en las aves. Ese trabajo, hasta ahora, no parece haber funcionado lo suficiente. Una mejor cooperación internacional es crucial. También lo es conseguir más fondos para matar selectivamente a las aves y tener programas de vacunación. Pero actualmente, el problema es mucho más que un problema aviar: es un problema humano.

Si tuviera lugar un incendio lejos de nuestra casa, nuestra mejor protección sería apagar el incendio antes que construir inmediatamente un cortafuegos alrededor de nuestra casa.

Actualmente, el temor a la gripe aviar es mucho más un problema humano que la gripe aviar en sí misma. El miedo supone un sistema de aviso para protegernos contra peligros inminentes. Es bueno que sepamos más sobre la gripe aviar, que aprendamos como sociedad que tiene un potencial para convertirse en un problema que puede amenazarnos, pero mientras tanto, mientras siga siendo algo remoto y teórico, el exceso de preocupación o encender nuestro radar del miedo de manera innecesaria puede hacernos más mal que bien.

Es inteligente por parte de la gente que se interese en su salud y no esperar a que la enfermedad nos golpee para mostrar preocupación. Pero la atención personal es mejor prestarla a un estilo de vida saludable y a una manifestación de emociones positivas, como el valor y el cuidado, que preocuparse sobre las amenazas sanitarias que quizás no lleguen a materializarse nunca.

Ahora mismo, no existe una protección física necesaria para los seres humanos contra la gripe aviar, donde la enfermedad del virus H5N1 no existe, ni siquiera en las aves, o incluso en Asia, donde al cocinar aves de corral se matan los virus de la gripe y el contacto casual con las aves es seguro.

¿Es seguro viajar a Asia?

Si no estamos planeando pasar unos días en una granja de pollos y relacionarnos íntimamente con los pollos, no hay ningún problema en ir allí.

Ha habido 24 brotes de gripe aviar en China en el 2005 y varios más en Indonesia. Unos 20 millones de aves han sido vacunadas contra la gripe aviar, y muchos millones más han sido sacrificadas selectivamente. La FAO, Organización para la Agricultura y la Alimentación, de las Naciones Unidas, ha iniciado un programa de información en varios países diseñado para aumentar la conciencia sobre el tema en todo el continente asiático. Hasta ahora, la gripe aviar se ha cobrado 42 vidas humanas en Vietnam, 13 en Tailandia, 9 en Indonesia, 4 en Camboya y 2 en China. El virus sigue siendo extremadamente difícil de contagiarse en humanos.

«La FAO cree que eliminando la gripe aviar entre las aves de corral puede retrasar que el virus H5N1 se convierta en una forma que pudiese crear una pandemia humana,» dijo Serge Verniau, un representante de la FAO en Afganistán en una reciente reunión de expertos. La FAO ha empezado a trabajar estrechamente con la Organización Mundial de la Salud y el Banco Mundial para promover una red regional para mejorar la vigilancia y el diagnóstico de la enfermedad tanto en aves como en los pocos humanos contagiados. También espera facilitar el intercambio de información por si ocurre que la enfermedad y para compartir las lecciones aprendidas.

Mientras tanto, viajar a Asia continúa siendo bastante seguro. Los casos humanos excepcionales han sido resultado de un contacto directo entre aves y seres humanos en lugares agrarios primitivos. Pero no existe riesgo alguno de adquirir la gripe aviar para los turistas que viajen a las ciudades importantes.

Incluso para la gente que vive en pequeños pueblos donde han ocurrido los brotes, los riesgos son remotos, excepto en los que comercian con la comida y las aves. En cuanto a las aves, incluso aunque buena parte de las aves de corral de Asia se mueven con libertad y pueden entrar en contacto con otras aves, y podrían extender la infección antes de ser sacrificadas para ser comidas (el período de incubación en las aves es de 7 a 10 días), según el doctor Ron De Haven, del USDA (Departamento de Agricultura de Estados Unidos), existe una red de vigilancia que se está extendiendo y haciendo pruebas serológicas a miles de aves en las zonas donde se detecta un brote.

La cocción de las aves de corral mata el virus H5N1 en el 100% de los casos, así que comer carne de aves de corral en Asia es completamente seguro, si no está cruda.

¿Cuántas probabilidades hay de que la gripe aviar llegue a los países más desarrollados?

Es posible en aves, y muy improbable en seres humanos.

El USDA está trabajando con la FAO y la Organization of International Epizotics para promover la seguridad biológica en todo el mundo. Es muy improbable que un ave viva transmita la gripe aviar (H5N1), aunque existen contrabandistas de aves. Según el doctor De Haven, es bastante más probable que algunas aves de contrabando, refrigeradas o congeladas sin etiquetar o procedentes de Asia lleguen al mercado y que tengan H5N1. Esto es muy difícil de controlar aunque también tiene un riesgo mínimo, más allá del pánico que pueda provocar. Si un ave muerta e infectada se llevara a cualquier país, el virus se destruiría tan pronto como fuese cocinada y no se transmitiría a los seres humanos o a otros animales.

Las posibilidades de que una persona infectada traiga la gripe aviar en un avión es prácticamente inexistente, simplemente porque hay muy pocos casos de gripe aviar en humanos. Pero puede que haya muchos más casos subclínicos de lo que se sabe, ya que las pruebas habituales de serología de contactos de los pocos casos de seres humanos no se ha llevado a cabo de manera sistemática. Pero incluso si alguien trajera la gripe aviar en un avión, no se contagiaría, porque no existe el contagio de humano a humano con la gripe aviar en su estado actual.

Una posible tercera vía de que la gripe aviar pudiera llegar a Estados Unidos, quizás la más probable, es que fuera a través de Alaska. A diferencia de Oriente Próximo, no hay vías migratorias regulares de pájaros desde Asia hacia Estados Unidos. Pero las aves que vuelan desde el Pacífico pueden cruzar ocasionalmente desde Siberia hasta Alaska. Debido a que las aves acuáticas (patos y gansos) son reservorios para la gripes aviar, y muchas especies de patos en particular pueden ser portadores asintomáticos, es concebible que el virus H5N1 pudiera aparecer en Alaska y que desde allí viajasen hacia el sur por la Costa Oeste o atravesando Canadá.

Sin embargo, existe mucho menos contacto entre aves migratorias y las aves de corral en Estados Unidos que en Asia. La mayor parte de las aves de corral se crían, se mantienen y se matan comercialmente dentro de edificios, con poco o ningún acceso a bandadas de pájaros silvestres. La posibilidad de que la gripe aviar circule entre las aves de corral en Norteamérica es, por lo tanto, mucho menor que en Asia.

¿Y qué ocurre si tiene lugar el peor de los escenarios posible y el virus H5N1 de la gripe aviar muta en una forma que puede infectarme? ¿Qué ocurre si llega en esa forma alterada? ¿Qué debería hacer entonces?

En primer lugar, como espero dejar bien claro más adelante en este libro, preocuparse por el peor de los escenarios posibles todo el tiempo es malo para nuestra salud y desvía nuestra atención de preocupaciones sanitarias más acuciantes por las que podemos hacer algo. En segundo lugar, hay poco que realmente pueda hacer cualquiera de nosotros ahora mismo para protegerse de una gripe aviar que no ha mutado y que no nos amenaza directamente.

Pero si esta gripe aviar muta y estalla como la próxima pandemia al estilo de la de 1918, habrá muchas precauciones que tomar y que valdrán la pena.

En primer lugar, podemos permanecer en calma y escuchar a los consejeros de sanidad a través de las ondas. Será importante que los CDC y las agencias de salud estatales y locales transmitan un mensaje consistente, exacto y sin exagerar. La red de comunicaciones mundial de hoy en día, incluyendo los satélites e Internet, puede suponer una enorme ventaja a la hora de informar y aconsejar a las personas en el momento de una gran catástrofe en forma de enfermedad infecciosa.

En segundo lugar, sería importante reducir las multitudes tanto como fuera posible. Una de las grandes razones de la rápida expansión de la llamada «gripe española» fueron las reuniones públicas y las multitudes y concentraciones a lo largo de la Primera Guerra Mundial, que facilitaron el contagio del virus H1N1.

Si una pandemia masiva se extendiera hoy, se aconsejaría no hacer reuniones en público, aislar a los pacientes enfermos, obedecer los consejos sobre los viajes y, por encima de todo, no ceder al pánico.

El pánico conduce a la mayor cantidad de contagio viral, debido a que cuando las personas entran en estado de pánico tienden a tomar menos precauciones. Lavarse las manos a menudo, no toser o estornudar a la gente, y no estrechar la mano, ni compartir vasos o cubiertos son los métodos básicos para controlar el contagio viral.

En 1918 la gente no entendía lo que eran los virus o la mejor manera de contenerlos. Muchas personas (especialmente los pobres) vivían hacinadas en grupos, en condiciones poco sanitarias.

Hoy también tenemos tratamientos médicos que serán cruciales a la hora de prevenir las muertes en una gran pandemia. Los pacientes con enfermedades coronarias, asma, diabetes, enfisema y SIDA tendrán mucho más riesgo de morir si pierden el acceso a su tratamiento médico habitual.

Los tratamientos para estas enfermedades subyacentes que no había en 1918 y que llevaron a la mayor pérdida de vidas, ahora en cambio salvarán a muchas. La neumonía deberá ser reconocida y tratada de manera agresiva con antibióticos. Dado que la neumonía y otras infecciones bacterianas, como la sinusitis, estaban en la lista de los certificados de defunción de más de la mitad de las personas que murieron de la gripe española, es probable que una intervención precoz con antibióticos (que no se habían descubierto en 1918) redujera los índices de mortalidad de manera drástica en cualquier pandemia de gripe que ocurriera ahora.

Mantener las provisiones nacionales y regionales de medicamentos será primordial, especialmente debido a que el comercio y los negocios probablemente se verán entorpecidos por la pandemia y la necesidad de establecer estrictas restricciones para viajar.

El virus de 1918, ¿era una gripe aviar?

Sí, lo fue, y las investigaciones de la década pasada han revelado que hizo el salto directamente de los pájaros a los humanos mediante una mutación. Sin embargo, y esto es algo que siempre se debe tener en cuenta, no mató a muchos pájaros antes de que tuviese lugar la mutación. No existe necesariamente una conexión entre lo que resulta mortífero en las aves y lo que puede matar a los humanos.

¿Por qué algunos pronósticos para esta gripe aviar son peores que los de la de 1918?

Si hablamos del peor de los escenarios posibles, deberíamos saber que las autoridades sanitarias están preocupadas por la posibilidad de una pandemia peor en cierto modo debido a las siguientes razones: 1. El mundo está mucho más densamente poblado que en 1918, y la mayoría de esta población está concentrada en ciudades. Una población más densa es más propensa al contagio de un virus respiratorio como la gripe. 2. Ahora hay más personas más ancianas, crónicamente enfermas e inmunodeficientes que en 1918. Estos grupos tienen más riesgo de morir de la gripe aunque, como argumentaré en otro capítulo, fueron los jóvenes los que murieron en mayor cantidad de la gripe española en 1918. 3. Los viajes en avión aumentan la posibilidad de contagio viral de una punta del planeta a la otra, contribuyendo a una pandemia. 4. El virus en sí mismo es actualmente mucho más mortífero que la gripe de 1918, que mató a cerca del 2,5% de las personas infectadas (por supuesto, la letalidad del virus debería disminuir de manera significativa si el virus muta. Para que mute en una forma que pueda infectarnos, debe sacrificar parte de su capacidad de matar).

También es importante entender que la intención de las personas a la hora de hacer estos pronósticos es buena. Un científico que busca fondos para mejorar de manera significativa las capacidades de nuestra vacuna quizás sólo intenta asustar a la gente para que entienda porqué la planificación a largo plazo es importante. Irónicamente, es probable que los políticos, presos del pánico, lo sobrepasen, al buscar fondos para dar soluciones a corto plazo para tratar el incendio social creado.

¿Cómo debería prepararse el gobierno para protegernos del peor de los casos así como del escenario más probable?

La primera ofensiva debería tratar de controlar la gripe aviar en la población de aves. La mayoría de la gente que oye hablar de la gripe aviar sobreestima en mucho lo mala que probablemente será para los seres humanos, pero subestima lo terrible que ya es para las aves. Este patógeno en particular, el H5N1, se ha ido extendiendo y reapareciendo en las aves en el sudeste asiático desde 1997, y resulta bastante mortífero entre las aves. Recientemente se ha extendido a Turquía y a China, y todos los intentos de erradicarlo completamente han fracasado.

Nadie sabe cuál es el riesgo de este virus si muta en una forma que pueda transmitirse de manera habitual entre humanos, pero el doctor De Haven, el administrador jefe del Animal and Plant Health Inspection Service de la USDA y muchos otros expertos en animales y en sanidad creen que la mejor estrategia es reducir la cantidad viral mundial mediante la vacunación de grandes poblaciones de aves en países en los que la enfermedad ha aparecido, y matar selectivamente aves en poblaciones afectadas. La USDA ha asignado más de cuatro millones de dólares para un programa de bioseguridad aviar en Asia para evitar que las aves infectadas vayan a otros países, pero se necesita mucho más dinero. Se han propuesto miles de millones para invertir en la preparación humana, pero si se invirtieran más en controlar una enfermedad aviar en las aves, los seres humanos quizás nunca necesitarán la protección.

El doctor De Haven se ha reunido regularmente con la FAO, la Organization of International Epizootics y con líderes del Banco Mundial, que ahora empiezan a aportar fondos.

En el aspecto humano de la ecuación, sería conveniente que los gobiernos en todo el mundo trabajasen juntos. Nuestro CDC se está combinando con la OMS (Organización Mundial para la Salud) para construir una red mundial que sigue la pista a enfermedades emergentes y reconoce y se prepara para pandemias potenciales. Si la gripe aviar es la enfermedad que alimenta la respuesta y mejora esa red, eso es bueno.

Al mismo tiempo, los recursos no deberían proceder de los que están destinados actualmente a los factores que provocan más mortandad (malnutrición, SIDA, tuberculosis, malaria, enfermedades coronarias, esquistosomiasis, hepatitis) para aportar un exceso de recursos sólo para el peor de los escenarios posibles de la gripe aviar.

La actual gripe aviar H5N1 debería tener como objetivo prioritario a las aves, ya que el riesgo en humanos es actualmente muy bajo. Y nada reduciría más el riesgo de que matase a la gente directamente o mutando en un virus humano mortífero que reducir el foco de aves infectadas. La preparación para una pandemia humana puede ser de una naturaleza más general, ya que no sabemos qué agente patógeno causará la siguiente gran pandemia, ni siquiera si será una gripe aviar.

A continuación va una lista de las prioridades más importantes para la protección gubernamental y la preparación que describiré a lo largo de este libro:

- Mejorar las infraestructuras hospitalarias e incluir planes de emergencia para la gripe, así como para otros patógenos.
- Actualizar la fabricación de vacunas usando la tecnología genética del siglo XXI, el cultivo celular y la ingeniería del ADN, con el objetivo de mejorar la respuesta temporal. Si 100 millones de dosis de una vacuna para una gripe específica se pudieran fabricar en 1 o 2 meses, puesto que lo permiten las últimas técnicas, entonces la necesidad de que los gobiernos acumularan reservas de fármacos para combatir una gripe aviar en particular como la H5N1 sería mucho menor.
- Además de desarrollar estas nuevas estrategias de vacunación, conviene reunir reservas de emergencia contra ciertos patógenos, como el H5N1, donde los efectos de una pandemia humana serían mayores.
- Desaconsejo el acopio de reservas a nivel personal, ya que llevan a un uso inadecuado de un fármaco como el Tamiflu, cuando no existe actualmente una necesidad. Los pacientes no sabrán cuándo es el momento de tomar este fármaco sin el consejo del médico.

- Las autoridades sanitarias deben aprender un nuevo lenguaje para comunicar los riesgos. Es crucial aprender a transmitir correctamente al público que una amenaza en un período de tiempo dado es muy pequeña, pero que conviene considerarla seriamente porque el peor de los casos es devastador. La debida preparación puede llevarse a cabo sin necesidad de causar pánico en la población. No debería ser necesario alarmarla como estratagema para conseguir fondos para planes para afrontar desastres. Esta estrategia a menudo hace que les salga el tiro por la culata, ya que el dinero se acaba gastando sólo en el peor de los casos y queda poco para las amenazas más probables. Debido a que no podemos preocuparnos o prepararnos para todo, deberíamos administrar nuestros recursos nacionales de manera racional.
- Hay que renovar la Agencia Federal de Control de Emergencia (FEMA). Esta agencia se ha vuelto tan disfuncional debido a que se ha centrado en el terror biológico, algo que está mucho más lejos de afectar a un grupo reducido de personas de lo que lo haría un brote de gripe. La FEMA funcionaría mejor si retornara a sus orígenes, separada del Homeland Security y preparando estrategias para todos los desastres principales, no sólo los peores escenarios posibles.

  Un ejemplo de hasta dónde ha llegado la FEMA es su propia página web, que utiliza un cangrejo como mascota educacional para los niños. Muestra cómo pierde su concha al quemarse o al serle arrancada y el cangrejo se arrastra para ponerse a resguardo sin importar qué desastre haya pasado. Pero un cangrejo apenas es una criatura que inspire a los niños, incluso si logra sobrevivir. ¿Qué ha pasado con nuestra águila nacional? ¿Está la FEMA de alguna manera asustada por si invoca imágenes de la gripe aviar?
- Dependemos de otras sociedades para el abastecimiento de muchos de nuestros productos principales. En el caso de una pandemia importante, se cortaría el suministro, por lo que el gobierno debe trabajar en mejorar el suministro doméstico de bienes esenciales, desde alimentos y energía a medicamentos. El miedo y el pánico van de la mano a la hora de acelerar esta necesidad de producción doméstica de cara a una gran pandemia, ya que en un clima de miedo, un país afligido es probable que sea rechazado por el resto del mundo. (La neumonía asiática es un ejemplo de esto, y sus números eran bastante pequeños comparados con una gran pandemia de gripe.) El doctor David Fedson, exdirector médico de Aventis-Pasteur, dijo recien-

temente en una conferencia sobre la gripe aviar que organizó el Council on Foreign Relations (Consejo de Relaciones Extranjeras) de Estados Unidos en noviembre de 2005: «¿Nos damos cuenta de que buena parte de los equipos de diagnóstico que tenemos para la gripe ahora mismo en este país tienen partes que vienen de fuera del país o el equipo entero se monta fuera del país? Las cadenas de abastecimiento son pocas. Perderemos nuestra capacidad de diagnosti car esto (la gripe) de la noche a la mañana cuando la pandemia empiece debido a que no existe capacidad para afrontar la oleada, ni para hacer un inventario ni para hacer equipos de diagnóstico.»

¿Cuáles son las directrices esenciales del plan del Presidente Bush para la preparación para la pandemia de la gripe aviar?

El plan requiere un desembolso de 7,1 mil millones de dólares. El presidente propone que 2 mil millones de dólares de esta cantidad se dedicarían al almacenamiento de medicamentos antivirales y 20 millones de dosis de una vacuna experimental contra la cepa de gripe aviar H5N1. Se destinarían 2,7 millones de dólares a la investigación de una vacuna y a la actualización de los métodos de fabricación de vacunas. Se invertirían dólares de los fondos federales en una red internacional de vigilancia de la gripe y los fondos federales para las agencias de salud pública estatales y locales se incrementarían en 100 millones de dólares.

Los críticos del plan dicen que se designa muy poco a las agencias estatales y locales o para combatir la gripe aviar en Asia, donde está actualmente (sólo se gastarían fuera de Estados Unidos 251 millones de dólares). Los críticos también se han quejado de que el plan no aporta fondos para mejorar las infraestructuras hospitalarias en caso de tener que responder a un desastre. Según el doctor Irwin Redlener, decano asociado y director del National Center for Disaster Preparedness en la Mailman School of Public Health en la Universidad de Columbia (hablando al público en la conferencia sobre la gripe aviar promovida por el Council on Foreign Relations –Consejo sobre Relaciones Extranjeras– en noviembre de 2005), «7,1 mil millones de dólares se centraron básicamente en antivirales y el desarrollo de una vacuna, lo que está bien, pero menos del 7% de ese presupuesto podría traducirse en ayudas que refuercen un sistema hospitalario muy debilitado en Estados Unidos. Lo que de hecho sería el único recurso que tendríamos. De hecho, estamos en una carrera contrarreloj. Y se convierte en algo real, si llega una pandemia antes de que podamos desarrollar la capacidad suficiente para contenerla, de vacunarnos y tratarnos con antivirales específicos, entonces lo único que nos queda es un sistema sanitario y hospitalario... nos encontraremos con que no tenemos suficientes camas aisladas, camas de cuidados intensivos, ventiladores, etc., etc.»

Viendo las noticias por cable, tengo la impresión de que algo está a punto de ocurrir. Pero muchos expertos hablan de estar preparados a largo plazo. ¿Cómo me va a ayudar eso a mí ahora?

El doctor Michael Osterholm, director del Center for Infectious Disease Research and Policy (Centro para la Política y la Investigación de las Enfermedades Infecciosas) en la Universidad de Minnesota, respondió a esta pregunta cuando habló en la conferencia sobre la gripe aviar en el Council on Foreign Relations (Consejo sobre Relaciones Extranjeras) en noviembre de 2005: «Buena parte de la preparación que necesitamos para la pandemia de la gripe es una preparación a largo plazo; no es algo que se vaya a hacer de un día para otro, una preparación de reacción inmediata... Creo que lo que ha pasado en las últimas 6 semanas ha sido una atención de los medios en los esteroides, que básicamente partió de ninguna atención a esto, una atención muy limitada. Pero entonces de repente todo el mundo lo descubrió después del Katrina y la intersección entre la falta de preparación y el «ahora necesitamos otra historia», dio lugar a esto. Y lo que necesitamos hacer es nivelar eso; necesitamos tener una perspectiva... Y esperemos que podamos volver a un punto en el que veremos que realmente es necesaria la preparación.»

2

La historia de la gripe aviar

Las pandemias de la gripe en perspectiva

En 1997, una aparente nueva cepa de gripe A surgió en Hong Kong en las aves (más tarde se descubrió que este tipo quizás date de la década de 1950). En esa época, las autoridades locales pensaron que eran capaces de controlarlo. Pero cuando reapareció unos años después, esta cepa (H5N1), quizás debido a que continuaba mutando, se extendió con más rapidez y por una mayor área geográfica que la mayoría de gripes anteriores, diezmando la población de aves en su estela. Millones de aves perecieron. Los científicos empezaron a preocuparse acerca de su incapacidad de prepararse y controlar, y ya no digamos eliminar, esta amenaza.

En cuanto a los pollos, esto fue lo más terrorífico que ha ocurrido desde que el Coronel Sanders abrió su negocio[1]. Para los humanos, el riesgo sigue siendo básicamente teórico.

El virus H5N1 ha seguido siendo básicamente un virus aviar, y la población que ha diezmado ha sido básicamente la de aves de corral. Al menos han muerto 70 personas, algo sin duda trágico, pero el número total es muy pequeño comparado con el de víctimas debidas a casi cualquier otra enfermedad que actualmente se cobra vidas humanas.

Pero también podemos ver que, si el virus llegase a afectar alguna vez a los humanos de la misma manera que lo ha hecho con las aves, podría ser calamitoso. Cualquiera que siga esta historia necesita entender las dos caras de la discusión. El temor que rodea a la gripe aviar no proviene de lo que está sucediendo actualmente, sino de una posible situación que aún no ha llegado.

1. Se trata del fundador de la cadena Kentucky Fried Chicken. *(N. del T.)*

La gente se preocupa: ¿Qué ocurriría si la enfermedad se convirtiera en un virus humano que se extiendiera tan rápido como entre las aves y tuviera la misma capacidad mortífera? Es una pregunta importante, pero para los no científicos es fácil sentirse confundido acerca de la probabilidad de una situación de tal magnitud. Necesitamos sentir temor del potencial daño, a la vez que aprendemos a entender porqué la posibilidad de que ocurra el peor de los casos posible es terriblemente baja.

Las imágenes de la gripe española nos asustan. Aunque los tiempos sin duda han cambiado, y estamos protegidos en buena medida por la medicina moderna, aún resulta razonable sentirse atemorizado e insignificante por los efectos de la gripe española y preguntarnos si otra gripe aviar podría ser algún día tan nefasta para los humanos o incluso peor. La gripe española fue el brote de enfermedad más mortífero registrado en la historia.

La gripe española

En 1918, la mayoría de las naciones de Europa, junto con Estados Unidos y buena parte de Oriente Próximo, estaban en guerra. Estados Unidos había entrado en la Primera Guerra Mundial, la denominada Gran Guerra, en el lado de los aliados: Francia, Gran Bretaña, Italia, Japón y Rusia. Se metieron en una gran guerra de trincheras sangrienta con los llamados poderes centrales: Alemania, Austria-Hungría y Turquía.

Los viejos imperios se estaban derrumbando, el antiguo orden se desestabilizaba, y a pesar de una fuerte oleada de aislacionismo entre el pueblo americano, el presidente Woodrow Wilson había declarado la guerra a Alemania.

A principios de marzo de 1918, antes de que un número significativo de soldados norteamericanos hubiesen siquiera llegado a los mortíferos campos de Europa, unos cuantos soldados en Camp Funston, Kansas, cayeron enfermos de gripe. En unos días, cientos de soldados en el campo estaban enfermos. En ese momento, y durante muchos años después, nadie supo de dónde había venido este nuevo tipo de virus de la gripe, y el personal médico de Camp Funston no podía haber imaginado a dónde iría.

Aun así, no cogió completamente por sorpresa al estamento médico americano. En guerras anteriores, el número de muertes debidas a la enfermedad fue comparable o mayor que el número de muertes en combate, y la mayoría de médicos militares creían que esta guerra no sería diferente. Pero sí era inimaginable que llegara el día en que combatir una enfermedad epidémica no fuese lo mismo que combatir en una guerra.

De hecho, durante la guerra, las epidemias de microorganismos se incubaban en grupos muy concentrados, y finalmente los soldados enfermos afectaban también a la población civil. Además, los médicos y las enfermeras que fueron llamados al frente para tratar las heridas del combate, obviamente no estaban en disponibilidad de atender a los pacientes de las epidemias, ya fueran militares o civiles.

Los estrategas militares entendieron que el candidato más probable para una epidemia era la neumonía bacteriana, debido a que en esa época era la causa principal de muerte en América cada año. Pero la teoría de los gérmenes sólo empezaba a ser aceptada, y los científicos aún seguían sin entender los virus. De hecho, las bacterias también desempeñaron un papel en la gripe española, ya que la neumonía bacteriana y las infecciones sinusales eran complicaciones secundarias comunes, y las causas principales de muerte traídas por el virus H1N1 de la gripe española.

Esta cepa de virus H1N1 se conoce a menudo como la gripe española, a pesar de que ni empezó en España ni tuvo su mayor virulencia en este país, aunque sí padeció uno de los peores brotes al principio. Y los españoles debatieron esta extraña gripe más a fondo que muchas otras culturas. No habían entrado en guerra, así que no censuraban sus noticias para manipular a la población y fueron capaces de dedicarse más a debatir este asunto.

El virus de la gripe española surgió en 1918 de la misma manera que lo hacen todas las variantes del virus de la gripe. Se contagió de persona a persona, probablemente en habitaciones muy hacinadas, a través de las secreciones respiratorias por vía aérea, la tos en una familia o al estornudar cualquiera que padeciera una infección respiratoria. La primera oleada de infecciones fue relativamente suave. Aunque cientos de hombres en Camp Funston se pusieron enfermos, sólo 38 murieron de neumonía. Ya que esta gripe no era aún el terrible agente exterminador en que se convertiría, no se le dio mucha atención. Debido a eso, quizás de alguna manera se contagió sin ser detectada entre las tropas americanas que se preparaban para ir a Europa.

Parece ser que estos soldados debieron traerla consigo desde casa, ya que en abril había aparecido en Europa Occidental. Se extendió rápidamente a través del continente, alcanzando Polonia en verano.

En agosto, el virus H1N1 se hizo más letal. Se ha especulado acerca de si tras propagarse por todo el mundo, mutó en algo más efectivo al llegar a lo más profundo de los pulmones de sus víctimas, quizás haciendo que los sistemas inmunológicos de las víctimas sanas y jóvenes fuesen en contra suya al ahogarse con copiosas secreciones. El virus se extendió cada vez con más rapidez, precipitándose por todo el mundo para convertirse en una auténtica pandemia. Al final, barrió Europa y Norteamérica, además de Latinoamérica, Asia y África, e incluso las islas más remotas del globo.

Tomemos sólo un ejemplo de su agresividad en una instalación militar americana: una infección declarada en Camp Devens, Massachusetts, se convirtió en 6.674 casos en tan sólo 6 días. En 1919, la gripe había matado a un total de al menos 550.000 americanos y quizás a unos 50 millones o más a lo largo del resto del planeta, causando los peores estragos en la India, donde mató a 17 millones de personas.

La gripe española fue seguramente el brote de gripe más destructivo de la historia. Tal y como se ha dicho ampliamente, durante la Primera Guerra Mundial murieron más soldados estadounidenses de gripe española que en combate.

Cómo podría empezar una pandemia de gripe

Es mucho más probable que la gripe española empezara en Asia o en la India que entre las aves de corral en Kansas. En la década de 1990, el virus H1N1, que se había extraído de varias víctimas, se estudió en el laboratorio y se pudo analizar lo que había ocurrido en 1918. El virus H1N1 seguramente empezó en las aves acuáticas, igual que la mayoría de virus de gripe tipo A, y luego infectó a las aves de corral antes de mutar a una forma que podía fácilmente infectar a los humanos. No hay constancia de un gran brote en aves, y resulta razonable concluir que este virus, tan mortífero para los humanos tras haber mutado, no fue tan mortífero para las aves.

Las aves de corral, incluyendo los pollos y los pavos, son criados para todo tipo de características, básicamente relacionadas con la cantidad y la calidad de la carne que puede producir cada ave. Sin embargo, las aves de caza se preocupan sólo por sobrevivir, y como uno podría esperar, son más resistentes a las enfermedades, incluyendo las infecciones gripales, que sus equivalentes domésticos.

Todas las aves son susceptibles de tener la gripe aviar, aunque algunas especies son más resistentes que otras. Diferentes cepas de la gripe pueden provocar una gran variedad de síntomas, desde una enfermedad leve a una enfermedad altamente contagiosa y que rápidamente puede llegar a ser mortal. Las cepas de virus con un inicio repentino, una enfermedad grave y muerte rápida se denominan gripe aviar altamente patógena.

Las aves acuáticas migratorias, especialmente los patos, son el reservorio natural del virus de la gripe aviar. Ya que nadie está comprobándolas o tratándolas por sus enfermedades, los virus (especialmente los que no son mortales) se extienden sin haber sido comprobados entre su población. Mientras las aves fabrican anticuerpos para protegerse de la gripe, el virus continúa adaptándose y puede cambiar rápidamente. Estas mutaciones a veces se convierten en nuevas formas del virus, mediante un proceso conocido como variación antigénica menor.

La mayoría de epidemias de la gripe ocurren cuando los patos o los gansos con una nueva cepa de virus entran en contacto con las aves de corral. Las aves de corral domésticas son controladas cuidadosamente por si tienen gripe, incluso en los casos más leves, porque su menor tolerancia significa que una infección puede convertirse rápidamente en una epidemia mortal. Esto ocurre especialmente en las variedades H5 y H7 de la gripe aviar, que tienden a ser más mortíferas entre las aves.

Si ocurre una mutación que permite que una gripe de tipo A se transmita entre los seres humanos, puede convertirse en nuestro tipo de gripe anual. (La gripe de tipo B ocurre de manera natural en humanos, pero la del tipo A ha de mutar primero.) El cambio antigénico mantiene a los científicos y los fabricantes de vacunas en ascuas, intentando encajar la vacuna anual con la variedad antigénica anual de la gripe humana.

Afortunadamente para nosotros, la barrera entre las aves y los humanos es una barrera de especies, y es mucho más difícil que una gripe aviar pase a los humanos que de un tipo de ave a otra. Por lo tanto, existen miles de gripes aviares que nunca dan el salto. Para que un subtipo de gripe aviar se convierta en un auténtico virus humano, que se contagie de persona a persona, requiere un cambio antigénico o un proceso más inusual en el que se mezclen los virus de las aves y los de los humanos, lo que se conoce como variación antigénica mayor.

Teóricamente, esta mezcla o cambio de partículas virales podría suceder en el cuerpo de una persona que transporte una gripe humana y que también se infectara simultáneamente con la gripe aviar. Sin embargo, la mayoría de los expertos creen que estos cambios son mucho más comunes entre los cerdos.

Los cerdos suponen un excelente caldo de cultivo para la gripe, ya que son susceptibles de tener tanto la variedad aviar como la de los mamíferos. Un cerdo infectado con el virus humano y con el virus aviar a la vez puede desarrollar un híbrido. Pero es muy difícil de predecir qué tipo de híbrido será. ¿Se acuerdan de Vincent Price en «La mosca»? Se metió en un aparato que mezclaba moléculas con una mosca que no había visto y de allí salió un asesino monstruoso con la cabeza de una mosca y el cuerpo de un humano. Mientras tanto, en algún lugar del jardín había un ser con cuerpo de mosca y una cabeza humana que se convirtió en la víctima desvalida de una araña. El mensaje que podemos sacar de esto es que simplemente con la genética se nos escapan los controles y las predicciones. De manera similar, si un virus híbrido de la gripe consigue conectar los aspectos mortíferos de un virus aviar con las «piernas» de una gripe humana, se podría convertir en un asesino de humanos monstruoso. Sin embargo, este nuevo subtipo, siendo una mezcla de los dos, podría mostrar cualidades completamente diferentes que las de los originales. Una gripe aviar mortífera podría convertirse en una gripe humana débil. Una gripe aviar débil podría convertirse en una gripe humana mortífera.

Recordemos la famosa historia, probablemente ficticia, de la vez en que Albert Einstein y Marilyn Monroe supuestamente se encontraron. Se dijo que ella le dijo a él: «Imagine si nos juntáramos y tuviéramos hijos con mi aspecto y su cerebro». Y, supuestamente, él contestó: «Sí, pero imagine si los niños tuvieran mi aspecto y su cerebro». El mismo problema es aplicable también a los virus.

Una gran pandemia de gripe humana de tipo A (que podría empezar con un virus mutado en una ave o un cerdo) parece tener lugar, de media, tres o cuatro veces cada siglo. Pero nadie puede estar seguro de cuándo ocurrirá la pandemia, o qué virus estará implicado.

Afortunadamente, las últimas tres pandemias en Estados Unidos han sido progresivamente cada vez más leves: de más de 500.000 muertes en

1918 a entre 50.000 y 100.000 en 1957, y entre 25.000 y 50.000 en 1968. ¿Se trata de una coincidencia, o son los efectos de la medicina moderna que combaten la gripe?

Brotes aviares

Desde 1959, han ocurrido en el mundo 21 nuevos tipos de virus de la gripe aviar, básicamente en Europa y América del Norte y del Sur, pero no en Asia. De estas nuevas cepas, sólo cinco se han extendido a numerosas granjas de pollos y sólo una de esas se ha extendido a otros países.

Incluso aunque estos brotes fueran más limitados y menos formidables de lo que se ha convertido el H5N1, se necesitó un esfuerzo significativo para controlarlos en las aves. Y a pesar de los esfuerzos realizados, con buenos controles e investigaciones correctamente realizadas, pueden requerirse hasta dos años para dominar una nueva cepa de gripe aviar.

Poner en cuarentena a granjas y destruir bandadas de aves expuestas se ha convertido en la norma, en la medida principal para combatir el contagio del virus entre las aves. Sin embargo, debido a que los virus altamente patógenos pueden sobrevivir durante largos períodos en el medio ambiente, especialmente a bajas temperaturas, los granjeros necesitan desinfectar con mucho cuidado todo el equipo de las granjas, las jaulas y la ropa que pueda haberse contaminado.

El último brote a gran escala de gripe aviar altamente patógena tuvo lugar en 1983 en Estados Unidos, en Pensilvania, y requirió 2 años para poder ser controlado. Más de 17 millones de aves fueron eliminadas, con un coste directo de 62 millones de dólares y un coste relacionado estimado en 250 millones de dólares. Si sopesamos lo complicado y caro que esto fue para una nación desarrollada con un tipo de gripe menos perniciosa, empezaremos a entender el monumental desafío económico con que se enfrenta Asia hoy en día.

El último gran brote internacional entre las aves de corral (la cepa H5N2) ocurrió en México en 1995. Aunque acabó siendo controlado, a pesar de años de intensos esfuerzos y más de 2.000 millones de dosis de vacunas administradas, el subtipo H5N2 aún no ha sido erradicado por completo.

Pandemias de gripe en seres humanos

Frenar la tasa de infección tiene un mayor impacto en reducir el número de víctimas de una pandemia que curar a las personas ya infectadas. Afortunadamente para nuestra supervivencia colectiva, la mayoría de virus, al mutar, se convierten en buenos «contagiadores» o en buenos «asesinos», pero no ambas cosas. Un virus que se contagia fácil y rápidamente tiende a no ser mortífero. Las personas que se ponen levemente enfermas tienen más probabilidades de seguir llevando una vida normal, y de contagiar la enfermedad allí donde vayan. Los rinovirus, que provocan el resfriado común, son un buen ejemplo de esto. Casi todo el mundo que entra en contacto con el virus, lo contrae, pero los síntomas son tan leves que la gente no quiere quedarse en casa reposando y en vez de eso va por ahí contagiando la infección.

En cambio, un virus que causa fuertes síntomas tiende a contagiarse con más lentitud. Los síntomas en sí mismos hacen que los pacientes se queden en casa. Un ejemplo es el llamado virus estomacal (norovirus). Una vez empieza un brote localizado, normalmente por la manipulación de alimentos, se extingue rápidamente, y la mayoría de las personas infectadas se quedan en cama y a menudo acuden al baño con náuseas, vómitos y diarrea. Aunque los norovirus no son mortíferos y de hecho son bastante comunes, el corto período desde la exposición hasta los síntomas graves es lo suficientemente rápido para frenar su contagio.

Una pandemia necesita encontrar el equilibrio adecuado entre los dos. Debe extenderse con rapidez, pero también ser lo suficientemente mortífera para cobrarse un gran número de víctimas. Aunque el virus de 1918 mató probablemente a sólo 1 de cada 40 personas infectadas, lo compensó infectando a cientos de millones de personas en muy poco tiempo.

Después de la gripe española, la siguiente pandemia global fue mucho más leve. Los avances en la sanidad, la medicina y la epidemiología puede que hayan desempeñado un importante papel.

La gripe asiática fue identificada por primera vez en 1957. Gracias a la nueva virología del momento, esta cepa (H2N2) fue identificada inmediatamente, y se empezó a producir una vacuna a finales de mayo de 1957. En unos pocos meses, ya estaba disponible una provisión limitada de vacunas. Este virus fue, de hecho, un agente repetido del siglo anterior, así que pocas personas que tuvieran inmunidad hacia él seguían aún con vida.

Al extenderse la infección durante el otoño, los índices de infección eran más altos entre los niños, los jóvenes y las mujeres embarazadas, pero los ancianos tuvieron los mayores índices de mortalidad. La pandemia llegó a su punto álgido a mediados de invierno. Cerca de un millón de personas murieron en todo el mundo, unas 69.800 en Estados Unidos (cerca del doble de las muertes causadas por una gripe normal anual).

La pandemia de gripe más reciente fue debida a la cepa H3N2, detectada primero en Hong Kong en 1968 y conocida actualmente como la gripe de Hong Kong. Se extendió a Estados Unidos ese otoño, y llegó a su punto álgido en invierno. Una vez más, se cobró el mayor número de víctimas entre la población anciana.

La gripe de Hong Kong continuó la tendencia de pandemias cada vez más débiles, con 33.800 americanos muertos. Esta pandemia iba de camino a su punto álgido justo cuando llegaron las vacaciones, y pudo frenarse tanto por el cierre de las aulas donde se contagiaba el virus como por las nuevas tecnologías.

Hay pocos casos humanos con el subtipo H5N1

Cuando una aparente nueva cepa de gripe aviar apareció en Hong Kong en 1997, se llevaron a cabo acciones rápidas. Toda la población de aves de corral de Hong Kong, alrededor de 1,5 millones, fueron sacrificadas, y muchos expertos creyeron que esta matanza selectiva agresiva evitó una pandemia mayor.

En ese momento el hecho de que 18 seres humanos se habían infectado con el virus y 6 habían muerto era objeto de cierta preocupación. Pero resultaba alentador que cada uno de estos pacientes se había infectado a través del contacto directo con un ave infectada, no por una persona infectada.

La atención internacional a las gripes aviares cambió luego a los Países Bajos, donde un tipo diferente de gripe (H7N7) empezó a matar a las aves de corral. Se extendió por más de 800 granjas antes de llevar a cabo una matanza selectiva para controlar la situación. Más de once millones de pollos se sacrificaron. Un total de 83 personas contrajeron la enfermedad, pero con la ayuda del Tamiflu y el hecho de que este virus no fuera tan mortífero para los humanos, sólo una murió.

Hasta finales del año 2003, el virus H5N1 estaba considerado como una rara enfermedad. Pero a mediados de diciembre del año 2003 reapareció en la República de Corea. En enero de 2004, tanto en Vietnam como en Tailandia se dieron casos de H5N1 en humanos. En Japón apareció en los pollos, era la primera vez que ese país experimentaba una gripe aviar desde 1925. A principios de 2004, también apareció en una granja de patos en China.

En agosto de 2004, los científicos chinos anunciaron que habían encontrado el virus H5N1 en cerdos, lo que aumentó la preocupació a nivel planetario por si se extendía a los humanos, ya que los cerdos son la «coctelera» ideal para la mezcla de la gripe aviar y la gripe humana. El virus, sin embargo, se ha extendido en buena parte del sureste asiático, a pesar de la matanza selectiva de más de 100 millones de pollos.

En octubre de 2004, 44 personas en esos países se habían infectado mediante el contacto con aves infectadas, y 32 de ellas murieron. Tal y como argumentaré en un capítulo posterior, muchas más pueden haber estado expuestas pero no enfermado, así que el índice exacto de muertes del raro caso H5N1 en humanos se desconoce.

Los representantes de la Organización Mundial de la Salud declararon públicamente sus preocupaciones acerca de que el virus pudiera ser la causa de la siguiente pandemia de gripe. Empezaron a realizarse reuniones internacionales con gobiernos, médicos y laboratorios farmacéuticos para determinar el nivel de preparación mundial.

En las primeras semanas de 2005, 13 ciudadanos vietnamitas contrajeron el virus H5N1, y 12 de ellos murieron. En mayo, se habían dado casos esporádicos de muertes por gripe aviar en varios países asiáticos. E Indonesia declaró haber encontrado el virus en cerdos.

A finales de agosto, Filipinas, el último país asiático sin la enfermedad, declaró un brote en patos y un caso sin confirmar en 1 persona. Rusia, Tíbet y Kazajistán también confirmaron varios casos en aves de corral. El virus parecía estar expandiéndose a partir del contacto directo entre las aves acuáticas silvestres y las aves de corral domésticas. Al acercarse el otoño, se confirmaron casos de este tipo de virus que se habían extendido a Rumanía, Grecia y Turquía.

A principios de diciembre de 2005, 2.500 aves domésticas murieron en Ucrania, en una remota región de la península de Crimea. Pero el principal cirujano veterinario de Ucraína, Petro Verbytsky, urgió a la población para que se concentrara en la próxima temporada de gripe humana en vez de en la gripe aviar. «La cuestión ahora tiene que ver con enfrentarse a un tipo diferente de gripe (humana)», dijo. «Hay 1.000 veces menos probabilidades de ponerse enfermo de la gripe aviar de las que hay de contraer la tuberculosis.»

En realidad, incluso en Ucrania, donde existe ahora la gripe aviar, las probabilidades de ponerse enfermo y de morir de tuberculosis eran muchos miles de veces mayores que las de morir de la gripe aviar.

Una intensiva matanza selectiva sigue siendo la primera línea de acción en respuesta a los nuevos casos de aves infectadas. Las grandes granjas comerciales han cooperado a pesar de la pérdida de ingresos. Entienden bien el problema y han enseñado a los trabajadores a completar la matanza selectiva. Utilizan un equipo protector e incluso Tamiflu para esos trabajadores más expuestos.

A pesar de esto, muchos de los países asiáticos que actualmente combaten el brote han tenido problemas para controlar el contagio de la enfermedad entre las aves. Uno de los motivos es porque muchos de los que poseen aves son granjeros pobres, que dependen básicamente de su pequeña provisión para sobrevivir. En varios de los países afectados, alrededor del 80% de la producción total de aves de corral proviene de pequeñas granjas o incluso de corrales traseros privados. Sólo en China, se cree que alrededor de 7.000 millones de pollos viven en pequeñas granjas, muy cerca de los humanos, animales domésticos y quizás, lo que es más peligroso, cerdos. El virus H5N1 muta rápidamente y ya tiene una documentada propensión a adquirir genes de virus que infectan otras especies animales.

Recientemente, la vacuna de la gripe aviar se ha añadido a la ecuación, y puede resultar efectiva junto con la matanza selectiva para conseguir controlar el virus H5N1. China ya ha vacunado a 20 millones de aves, y vacunará muchos millones más.

Muchos representantes de la sanidad que siguen la evolución de la enfermedad están preocupados por la reticencia mostrada por los pequeños granjeros a matar a todas sus aves, lo que seguramente también se traduce en una reticencia a declarar cualquier infección potencial. Además, las medidas preventivas son difíciles de asumir para los pequeños granjeros. Muchos de ellos tienen problemas para aplicar la cuarentena, crear una zona medioambientalmente controlada necesaria para mantener a sus aves a resguardo de otras aves, del ganado, insectos y roedores. Estos pasos son absolutamente necesarios, porque las aves que no mueren segregan virus durante al menos diez días, por vía oral y en sus heces.

La falta de experiencia a la hora de controlar los brotes y llevar a cabo matanzas selectivas con éxito se está cobrando muchas víctimas. A veces los representantes sanitarios anuncian un proceso completo y una zona limpia de infección, pero aparecen nuevos brotes de la enfermedad. Y durante estos momentos las autoridades están más preocupadas, puesto que parece que, simplemente, el proceso de matanza selectiva, desinfección, vacunación y detección continuada no está funcionando.

Tendencias de las pandemias

Cuando tiene lugar una pandemia, y una gripe de tipo A que no se había visto antes cambia en los humanos, la mayoría de muertes siempre tienen lugar entre las personas que viven en países en desarrollo. Un sistema sanitario público subdesarrollado, al que le faltan los cuidados médicos adecuados y los medios efectivos para difundir los conocimientos y conseguir la cooperación de las personas en riesgo, tiene los ingredientes necesarios para padecer un alto índice de mortandad.

Al mismo tiempo, echando un vistazo a la historia de las pandemias de la gripe, existe una tendencia positiva. En los países industrializados, especialmente en Estados Unidos, el intervalo entre las pandemias está aumentando cada vez más, la extensión de la enfermedad se va ralentizando y el índice final de mortalidad está decreciendo.

LA GRIPE: LA EVOLUCIÓN EN SERES HUMANOS

Año	Cepa	Desarrollo
1874	H3N8	
1890	H2N2	Pandemia
1902	H3N2	
1918	H1N1	Pandemia
1933	H1N1	Primeras cepas aisladas
1947	H1N1	Variación detectada
1957	H2N2	Gripe asiática
1968	H3N2	Gripe de Hong Kong

3

La gripe española frente a la gripe porcina

Tal como ya debe saber ahora cualquier persona que siga un poco el tema de la gripe aviar, en 1918 un virus de la gripe mató (según varios cálculos) a más de 50 millones de personas. Como he mencionado, fue la pandemia más devastadora desde que se tiene constancia, y casi cada artículo sobre la gripe aviar hace referencia a ella. Durante el estallido, murió más gente de gripe en un solo año que en los 4 años de la peste bubónica, de 1347 a 1351. Conocida como la gripe española, la gripe de 1918 es famosa por matar a más gente de la que murió en combate durante toda la Primera Guerra Mundial.

Desde entonces, ha habido tres reacciones públicas a la gripe aviar. La primera es la negación. Cuatro años antes de 2004, los periódicos pondrían cualquier reportaje que tuvieran sobre las gripes aviares asiáticas en las páginas que no se leen de la sección internacional. Esta reacción preocupaba a la comunidad del ámbito sanitario porque existen miles de virus de gripe aviar y varios mutan lo suficiente para contagiarse de manera rutinaria de persona a persona y provocar nuestra gripe anual. La gripe anual, aunque no una pandemia (que implica múltiples comunidades a la vez), es lo suficientemente mortífera como para matar de media a 36.000 personas cada año en Estados Unidos y llevar al hospital a, aproximadamente, 200.000.

La segunda reacción al fantasma de la gripe asesina de 1918 es la histeria, o el pronóstico emocional basado en ninguna información real de que este va a ser el año en el que la gripe española (o algo peor) va a volver. La reencarnación en este caso ha sido designada en la forma del virus H5N1.

La histeria en Estados Unidos ha sido alimentada en parte por el desastre del huracán Katrina. Los que se dedican a difundir el miedo, los líderes y los serios expertos en sanidad pública por igual han señalado la falta de preparación y la pobre reacción a este huracán como justificación por la preocupación acerca de la gripe aviar. No estábamos preparados para un gran desastre, parece ser el razonamiento, y la gripe aviar es otro gran desastre que está a punto de suceder. No parece que estemos mejor preparados para una pandemia de gripe. El problema con este directo paralelismo es que los diques en Nueva Orleáns eran defectuosos y los efectos del huracán eran un escenario probable. El hecho de que el huracán potencial que los representantes de Nueva Orleáns han estado ignorando durante décadas finalmente atacó el año pasado no predice de manera racional que una pandemia masiva de la gripe aviar también atacará este año.

De hecho, el espectro de la gripe española ha alimentado previas reacciones desmesuradas. El ejemplo más prominente ocurrió en 1976, cuando la gripe porcina hizo el salto de aves a cerdos y de éstos a humanos. Este brote tiene muchos paralelismos con la actual preocupación hacia la gripe aviar H5N1, pero rara vez se trata de esa manera en los medios de comunicación. Eso es porque nunca aniquiló a millones de personas, tal y como se temía, sino que al final llegó a un punto muerto. El miedo en 1976 era tan grande que más de 40 millones de personas fueron vacunadas en un mes en Estados Unidos, utilizando una vacuna hecha apresuradamente que acabó provocando más de mil casos del síndrome de Guillain-Barré, una forma de parálisis ascendente de la que algunas personas nunca se recuperan.

La tercera reacción al fantasma de 1918 es la más razonable, en algún punto medio inexplorado entre la negación y la histeria, y tiene en cuenta tanto el hecho de que otra pandemia es inevitable y que su magnitud y su momento exacto son desconocidos. En cualquier caso, el plan actual de protección de cara al peor escenario posible es lamentablemente inadecuado. Algunos científicos, representantes de la salud pública y periodistas han acordado informar al público con el deseo expreso de arrojar luz sobre este riesgo potencial de la gripe aviar de que pueda provocar una asignación de recursos diseñada para protegernos de cualquier brote. Este plan debe considerar algunas prestaciones de cara al peor de los escenarios posibles (reservas de vacunas y fármacos antivirales) y al mismo tiempo trabajar para mejorar las infraestructuras hospitalarias y de la sanidad pública a nivel federal, estatal y local. Incluso si no es probable que llegue este invierno, si ocurre una pandemia devastadora podemos estar preparados para ella.

Un elemento clave de un plan bien diseñado debería incluir un enfoque en la actualización del método utilizado para fabricar vacunas utilizando tecnología genética y cultivos celulares para que, si fuera necesario, pudieran hacerse con rapidez millones de dosis de una vacuna fabricada sin ningún problema.

Dicho programa nos colocaría muy por delante de donde estaba la medicina en 1918, cuando la ciencia médica estaba tan atrasada que los doctores, al reaccionar ante el brote de la gripe española, pensaban que debía estar causada por una bacteria.

La muerte azul

En otoño de 1918, en todo el mundo, quizás empezando en el ejército indio o quizás en el americano, tuvo lugar una infección que al principio parecía no ser nada más que un resfriado. Sin embargo, al extenderse de América a toda Europa, se hizo más mortífera. Rápidamente mató a muchas personas que vivían en míseras condiciones en las trincheras de combate, pero mucho más que eso, afectó a todo el mundo, matando a decenas de millones de personas, incluyendo un cálculo aproximado de 17 millones de personas en India, donde causó más estragos.

Pero algunos países se libraron. Sorprendentemente, la gripe fue más mortífera en personas de entre 20 y 40 años, que en los niños y ancianos, a quienes afectan más las gripes. Algunos expertos han postulado en retrospectiva que fue la respuesta inmunitaria aumentada de las personas sanas lo que de alguna manera las hizo morir. Quizás sus pulmones se llenaron con secreciones infecciosas muy beligerantes que no podían eliminar. La mayoría de expertos están de acuerdo en que las causas más comunes de muerte fueron la neumonía y el fallo respiratorio. Lo más probable es que la neumonía se debiera a una neumonía bacteriana secundaria para la que no había tratamientos antibióticos disponibles en esa época. Para aquellas personas que sobrevivieron, el virus también parece haber causado efectos secundarios neurológicos en muchos pacientes, incluyendo una inflamación en el cerebro (encefalopatía), que a menudo conduce a incapacidades permanentes.

La gripe también trajo consigo muchas otras enfermedades crónicas, como enfermedad coronaria, asma y diabetes, para las que no había tratamientos disponibles.

Al final, la gripe española infectó al menos al 28% de los americanos, y al menos 675.000 murieron, diez veces el total de muertes de la Gran Guerra. La mitad de los soldados americanos que murieron en Europa fue a causa de la gripe y no del combate.

Tal y como se señalaba en la edición final del *Journal of the American Medical Association* de 1918: «1918 se ha terminado: un año trascendental como el fin de la guerra más cruel en los anales de la raza humana; un año que marcó, el fin al menos durante un tiempo, de la destrucción del hombre por el hombre; desgraciadamente, un año en el que se desarrolló una enfermedad infecciosa realmente mortífera que ha causado la muerte de cientos de miles de seres humanos. La ciencia médica, durante cuatro años y medio, se ha dedicado a enviar a hombres a la primera línea de fuego y los ha mantenido allí. Ahora debe, con todas sus fuerzas, dedicarse a combatir el mayor enemigo de todos: la enfermedad infecciosa.»

Incluso con la gripe española, la peor de todas las plagas, la mayoría de las víctimas se recuperaron, y su experiencia generalmente fue una versión más intensa del esperado transcurso de 1 semana de duración de fiebre, dolores, resfriados y náuseas que caracterizan todas las gripes. Pero para una minoría sustancial fue mucho peor. Estaban agotados, con otitis, dolor de cabeza, fiebre alta y dificultad para respirar.

Los médicos con poca experiencia a la hora de diagnosticar virus (aún no sabían realmente lo que era un virus) a menudo confundían la gripe española con un resfriado hasta que los pacientes estaban muy enfermos.

Algunos pacientes murieron rápidamente, a veces de la noche a la mañana. Se volvían cianóticos (lo que quiere decir que se ponían de color azulado), les faltaba el aire y se ahogaban con sus secreciones sanguinolentas. Al progresar la enfermedad y entrar en acción la neumonía, empezaron a sangrar profusamente (de la nariz, los oídos y la boca). Algunos llegaron a recuperarse. Pero si la cianosis aparecía, los médicos trataban a los pacientes como si ya fueran terminales. Las autopsias mostrarían una enfermedad que hacía estragos en casi todos los órganos internos.

La pandemia dio la vuelta al planeta, a menudo siguiendo las rutas comerciales y las líneas navieras. Los brotes atravesaron Norteamérica, Europa, Asia, Brasil y el sur del Pacífico. Los soldados la llevaron a tierras lejanas en barcos. El Committee on Atmosphere and Man (Comité sobre la Atmósfera y el Hombre) llegó a la conclusión, en 1923, que la humedad era un factor determinante en el contagio de la enfermedad.

Se desconoce el origen de la gripe española, aunque la teoría predominante en la actualidad es que empezó en China. En la primavera de 1918 llegó por primera vez a Estados Unidos, a Kansas y los campamentos militares norteamericanos, donde inicialmente no se reconoció. El foco, en cambio, se detectó cuando la guerra tocaba a su fin.

La guerra trajo consigo una segunda ola del virus en septiembre, y por entonces reapareció de manera más mortífera, quizás debido a nuevas mutaciones de la estructura viral, llegando primero a Boston a finales de agosto, y produjo 200.000 muertes sólo en el mes de octubre. El Servicio de Sanidad Pública de Estados Unidos (USPHS) estaba al cargo de la coordinación de los cuidados entre los estados, pero la escasez de médicos en tiempos de guerra y, especialmente de enfermeras, hizo que estos cuidados fuesen muy difíciles de aplicar con una base consistente. El Congreso destinó 1 millón de dólares al USPHS, pero no hubo fondos específicamente destinados a la investigación de la gripe. El USPHS designó un director para la gripe en cada estado, pero no resultó ser efectivo a la hora de coordinar los cuidados. La gente a menudo moría de deshidratación, hambre y malos cuidados, más que por la gripe en sí. La desorganización y la falta de difusión de una información sólida contribuyeron al problema. Los médicos, sin vacunas ni tratamientos disponibles y con una mala comprensión de la enfermedad, se desesperaron, e incluso utilizaron vacunas basadas en agentes no virales no probadas (dirigidas a menudo a alguna bacteria imaginada). Esto ocurrió en una época en la que a la mayoría de los médicos se les había enseñado en la facultad de medicina que hacer sangrías a los pacientes era la mejor cura conocida para la neumonía. Los médicos urgieron a las ciudades a poner en cuarentena a los enfermos y restringir la asistencia a las concentraciones públicas, pero llegaron las concentraciones y los reclutamientos en tiempos de guerra.

En las ciudades vivían grandes masas de población, con viviendas mal ventiladas y sucias, lo que facilitaba la transmisión de la enfermedad. Se suponía que las escuelas, los cines, las iglesias y los edificios públicos debían estar cerrados, y se intentó obligar a los pacientes infectados a quedarse en los pabellones hospitalarios, pero se ignoraron muchas de estas ordenanzas debido a que las personas no se percataban del peligro en el que se encontraban. Muchas ciudades rehusaron cerrar sus sistemas de transporte público hasta que cientos de trabajadores en tránsito les obligaron a hacerlo. Boston ignoró la epidemia inicialmente, debido a que parecía haber buena salud en la ciudad, y el país empezó a prestar atención al problema sólo a partir de finales de septiembre, cuando la enfermedad ya se había extendido a lugares tan lejanos de Boston como Seattle.

Flotas navales enteras estaban enfermas y demasiado débiles para ir a luchar, y los hospitales militares, ya superados por los heridos de guerra (incluidos los quemados por el gas mostaza), no estaban equipados para combatir la gripe. Los soldados vivían y viajaban apiñados, lo que ayudaba mucho al contagio del virus.

Y la guinda era que había escasez de médicos y enfermeras. El personal médico descubrió que obligar a la gente potencialmente infectada a llevar una mascarilla ayudaba a limitar el contagio de la infección (hasta que se quedaron sin gasa para hacer mascarillas). Comprendieron que era de mucha ayuda administrar oxígeno a los pacientes que sufrían mucho, pero no tenían los medios para administrarlo, ni siquiera a un pequeño porcentaje de los pacientes que lo necesitaban. Comprendieron que los barracones saturados de soldados y los hospitales a rebosar de pacientes empeoraban las cosas, pero no tenían alternativa. Las diferencias entre los recursos disponibles hoy en día y los que había hace un siglo son asombrosas.

La nación incluso experimentó una escasez de ataúdes y cavadores de tumbas. Los funerales se limitaron a 15 minutos. Los cuerpos se amontonaban, igual que durante la peste bubónica del siglo XIV, en hospitales, carros, casas, pasillos y calles.

La Cruz Roja respondió a la escasez de enfermeras pidiendo voluntarios y se creó el Comité Nacional sobre la Gripe. Se crearon hospitales de emergencia para albergar a los enfermos de gripe, así como a los que llegaban enfermos de ultramar. Con una cuarta parte de la población de Estados Unidos y una quinta del mundo infectados, era imposible escapar a la gripe, aunque los ricos y los famosos tuvieron bastante éxito a la hora de aislarse. Pero incluso el presidente Woodrow Wilson cogió la gripe a principios de 1919, mientras negociaba el Tratado de Versalles.

Los científicos, utilizando la teoría sobre los gérmenes recién aceptada, trabajaron sin éxito en una vacuna. Los administradores de la sanidad pública, aprovechando las restricciones que ya tenían lugar por la guerra, intentaron restringir los movimientos entre las ciudades norteamericanas.

Los ferrocarriles no aceptaban pasajeros sin una documentación firmada que testificara que no tenían ninguna infección. Pero por encima de todo, la reacción de la sanidad pública se caracterizó por la confusión, la desorganización, la ineficacia, y por decretos que no se cumplieron.

Y entonces, tan rápido como había llegado, en 1919, quizás gracias a la llegada de la primavera, cuando los virus de la gripe tradicionalmente dejan de prosperar, la gripe española desaparecció.

Después de 1918, las investigaciones identificaron el virus que provoca la gripe, así como la neumonía parecida a la bacteria que provoca sus complicaciones secundarias y que suponen una amenaza para la vida. La administración sanitaria es mejor hoy día en temas como la educación pública y la promoción de la cooperación pública que en 1918. Uno sólo puede especular acerca de qué habría ocurrido en 1918 si hubiesen podido disponer siquiera de una décima parte de la tecnología y los métodos de que disponemos hoy día.

Aun así, el mundo está mucho más densamente poblado, y los viajes aéreos permiten que la gente viaje (y potencialmente extienda la enfermedad) a sitios lejanos en sólo cuestión de horas. Pero mientras un avión cubre grandes distancias muy rápidamente, un barco militar en 1918 en mitad de alta mar, repleto de jóvenes comiendo y durmiendo en dependencias estrechas, suponía un mejor entorno para que un virus creciera y se contagiase.

Aunque es difícil hacer comparaciones directas entre 1918 y la actualidad, es más fácil hacer comparaciones con la gripe porcina, que ocurrió hace tan sólo 30 años.

1976

El 5 de febrero de 1976, el soldado de 19 años David Lewis, de Massachusetts, le dijo a su instructor militar en Fort Dix que se sentía cansado y débil. Sin embargo, participó en una caminata de entrenamiento y a las 24 horas fallecía. Dos semanas después de su muerte, los representantes sanitarios, que habían designado a Lewis como «caso-índice» y habían aislado otros 500 casos de lo que ellos denominaron «gripe porcina» en otros reclutas que no habían enfermado y cuatro que sí, revelaron al pueblo americano que no había que preocuparse por una posible epidemia. El resultado fue el pánico general, ya que los representantes de la sanidad pública razonaron que cualquier gripe que era capaz de llegar a tanta gente y tan deprisa podía convertirse en una plaga mundial.

Con el espectro de 1918 en mente, las autoridades sanitarias consideraron rápidamente la posibilidad de una inoculación masiva antes de la siguiente temporada de la gripe, preocupados por si, como en 1918, el virus de la gripe sería más fuerte en su segunda temporada u «oleada».

Algunos expertos mantienen que esto fue un gran ejemplo de las autoridades sanitarias americanas, que actuaron en previsión de lo que fácilmente podría haber sido una nueva plaga. En aquel tiempo, la gripe española se malinterpretó creyendo que se había desarrollado a raíz de la exposición a los cerdos, ya que así había ocurrido con la gripe porcina. La teoría aceptada era que las gripes aviares y las gripes humanas se mezclaban en los cerdos y que la mutación necesaria requerida para darle a la gripe aviar «piernas humanas» sucede con más facilidad a través del intercambio de material genético en la sangre de un cerdo (variación antigénica mayor). Esta teoría aún se considera hoy en día como un método probable de transmisión de muchos virus de la gripe animal a seres humanos. De hecho, un estudio publicado en *Clinical Infectious Diseases*, el 22 de noviembre de 2005 y patrocinado por los National Institutes of Allergies and Infectious Diseases (Institutos Nacionales de Alergias y Enfermedades Infecciosas) es la última investigación en mostrar que la exposición frecuente a los virus de la gripe porcina conduce a la seroconversión (fabricación de anticuerpos) en los manipuladores de alimentos y los granjeros de cerdos.

Volviendo a 1976, y basándose en la asunción de que el virus de la gripe porcina que había sido descubierto era muy similar al virus de la gripe de 1918, las autoridades sanitarias, los líderes políticos y posteriormente el público, estaban preocupados. Nadie sabía cómo había llegado la gripe porcina a Fort Dix, pero todos estaban preocupados porque podía extenderse rápidamente desde allí.

Semanas después de que muriese el soldado Lewis, los médicos de los Centers for Disease Control (Centros para el Control de las Enfermedades), incluyendo al doctor David Spencer, los sagaces inventores de la vacuna de la polio, Salk y Sabin, y otros representantes se reunieron en Washington, D.C., para decidir lo que había que hacer. Estaban preocupados por la gripe porcina, pero también porque los intentos de vacunar rápidamente a la población interrumpirían el trabajo realizado en muchas otras enfermedades. Sin embargo, sólo podían imaginarse las quejas con que los médicos se enfrentarían si una epidemia estallara y no hubiese vacunas disponibles. Al mismo tiempo, no podían evitar preguntarse qué ocurriría si todo el mundo fuese inoculado para una plaga que no tuviese lugar.

En marzo de 1976, el doctor Spencer había puesto de acuerdo a la mayoría de la clase dirigente médica en su plan de pedirle al presidente 135 millones de dólares para vacunar en masa al país.

Pero quizás hubo más que preocupaciones médicas, también políticas. En su libro «Pure Politics and Impure Science» (Política pura y ciencia impura), Arthur M. Silverstein sugiere que la política presidencial desempeñó un importante papel en esta decisión, ya que el presidente Gerald Ford, que se presentaba a la reelección, y bajo la influencia de los de los grandes laboratorios farmacéuticos estadounidenses, quería ser visto como un héroe.

El 24 de marzo, el día después de una sorprendente derrota ante Ronald Reagan en las primarias republicanas de Carolina del Norte, Ford hizo su declaración al público y se preparó para llevar esta batalla al Congreso. Mientras tanto, los laboratorios seguían insistiendo en que el gobierno asumiera responsabilidades por cualquier efecto secundario perjudicial de una vacuna hecha apresuradamente. Las conversaciones en el Congreso se alargaron hasta principios de verano, con algunas dudas por parte de algunos médicos (claramente, no soy el primero que tiene dudas), que señalaban que la gripe porcina no se había extendido más allá de Fort Dix en su «primera oleada».

Finalmente, el presidente y sus expertos triunfaron, y el 12 de agosto de 1976, el Congreso aprobó la financiación. El doctor W. Delano Meriwether, del Departamento de Sanidad, Educación y Bienestar, un médico de 33 años y velocista de talla mundial, se hizo cargo del proyecto de tener que inocular a los 220 millones de americanos contra la gripe porcina antes de que finalizara el año.

Cuando las empresas aseguradoras rehusaron cubrir las pólizas de los fabricantes de vacunas, el gobierno finalmente acordó aceptar la responsabilidad ante las demandas en caso de sucesos adversos. Una vez se aclaró este obstáculo, el National Influenza Immunization Program (NIIP, Programa Nacional de Vacunación de la Gripe) empezó oficialmente en octubre de 1976.

El día 1 de octubre ya estaba listo el suero, y el sistema sanitario público había organizado a médicos, enfermeras y personal de apoyo para administrar las inyecciones. Pero en unos días, varias personas que habían recibido la inyección se pusieron gravemente enfermas. Tres ancianos en Pensilvania recibieron su vacuna y murieron sólo unas horas después de ataques al corazón, lo que hizo que el programa fuera suspendido de inmediato en ese Estado.

Otros estados siguieron adelante, aunque se anunciaron más casos con efectos secundarios adversos.

El número de vacunas administradas cada semana aumentó rápidamente de menos de 1 millón a principios de octubre a más de 4 millones en las semanas finales del mes, y llegó a su momento culminante de más de 6 millones de dosis en una semana a mediados de noviembre de 1976. El NIIP fue único en los anales de la epidemiología: hubo un esfuerzo de vigilancia organizada ya desde el principio, y más de 40 millones de personas fueron vacunadas durante el corto período en el que el NIIP estuvo en activo. Sin embargo, el 16 de diciembre de 1976, el NIIP fue suspendido tras varios informes de más de 10 Estados sobre la aparición del síndrome de Guillain-Barré (SGB) en los vacunados. En enero de 1977, se habían notificado más de 500 casos de SGB, con 25 muertes. El gobierno suspendió el programa. Y luego vinieron millones de dólares en juicios.

La gripe porcina nunca llegó

Una pregunta que regularmente escuchamos en los medios de comunicación es: ¿podríamos reaccionar a una pandemia si tuviéramos la necesidad? En 1976, nuestras autoridades sanitarias llevaron a cabo una asombrosa hazaña de la sanidad pública para hacer frente a lo que ellos pensaban que era una plaga de emergencia basada en los temores de 1918. Pero, en vez de aprender ahora de este suceso, lo hemos dejado enterrado en la historia. Las autoridades sanitarias, tanto entonces como ahora, hablan con una cierta seguridad que no siempre refleja la cantidad de especulaciones implicadas. La gripe porcina no sólo mostró que nos podemos precipitar en nuestros juicios, malgastando tiempo y dinero y actuando precipitadamente de cara al peor de los escenarios posibles que nunca llega, sino que al hacerlo, eso también puede tener consecuencias en la salud de la gente.

El miedo a la gripe porcina ayudó a fomentar el cinismo y desconfiar de lo que hacen los políticos y las autoridades sanitarias. Pero Joseph Califano, quien posteriormente se convirtió en secretario del Departamento de Sanidad, Educación y Bienestar bajo el mandato del presidente Carter, continuó manteniendo que los médicos no habían tenido más opción que pecar de cautelosos, y volverían a hacer lo mismo si tuvieran que enfrentarse otra vez con la amenaza de otra plaga mortífera que tuviera el potencial de matar a millones de personas.

¿Qué es el síndrome de Guillain-Barré?

Volviendo a 1976, el apresurado programa de vacunación de la gripe porcina provocó un daño médico apreciable.

El síndrome de Guillain-Barré (SGB) es un trastorno neurológico muy poco común que se caracteriza por una repentina debilidad muscular, especialmente en manos y pies, aunque en casos más graves también se ven afectados los músculos de la respiración. Los síntomas de parálisis pueden progresar hasta los 10 días. Los pacientes suelen mejorar, y la recuperación tiende a ocurrir en 3 meses. Algunos casos poco usuales han sido difíciles de diagnosticar.

La causa exacta del SGB sigue siendo desconocida. Siempre se creyó que se debía a un virus, pero más recientemente se ha visto como una reacción inmunológica a un agente invasor (incluyendo partículas de un virus).

Por primera vez, en el programa de vacunación de la gripe porcina, se estableció un sistema de vigilancia a nivel nacional para evaluar enfermedades que pudieran deberse a la vacunación. La red la coordinó el CDC, con la participación de las autoridades estatales y locales. Todos los vacunados debían firmar un formulario de consentimiento de inscripción. Cualquier enfermedad lo suficientemente grave como para requerir hospitalización tenía que comunicarse por teléfono al CDC.

En agosto de 1977 los resultados se dieron a conocer al público. Alexander Langmuir, director de la especialidad de epidemiología del National Communicable Disease Center (Centro Nacional de Enfermedades Transmisibles) en Atlanta, presentó un informe preliminar en 1979. Basado en el número de vacunaciones semanales, una comparación de casos observados con casos esperados mostró que el riesgo relativo de contraer el SGB durante las 6 semanas siguientes a la vacunación era unas 10 veces lo esperado. Langmuir concluyó que la vacuna contenía un «elemento detonante» que conducía al SGB en una de cada 100.000 de las personas que recibían la vacuna.

También en 1979, el doctor Lawrence Schonberger y sus colaboradores en el CDC presentaron un análisis adicional de la vigilancia nacional de datos de los casos. Un total de 1.098 casos de SGB habían sido informados al CDC durante los 4 meses en que se llevó a cabo la investigación en 1976. (No hay duda de que hubo muchos otros casos de los que no se informó.) Posteriormente, los juicios condujeron a una reevaluación de los casos por un jurado formado por Langmuir. La aparente asociación entre la vacuna y el desarrollo del SGB se confirmó una vez más.

Poco después de la publicación de este estudio, Nathan Mantel, por entonces profesor de estadística en la universidad George Washington, criticó el estudio y sugirió que el número de casos que ocurrieron tarde no habían sido informados por Langmuir ni por Schonberger, y que se tendrían que haber tenido en cuenta más indemnizaciones. Sin embargo, posteriores estudios realizados en Michigan y Ohio en 1984 revelaron que el período de riesgo principal realmente habían sido 6 semanas después de la vacunación, tal y como se había informado.

En un hallazgo clave, tanto Schonberger como Langmuir habían descubierto que entre los casos de SGB, las personas que estaban en el grupo de los vacunados tuvieron una incidencia mucho más baja que la de otra explicación para el SGB, concretamente una enfermedad aguda de tipo viral. El «elemento detonante» en 1976 podría haber sido una de las proteínas del virus utilizada para hacer la vacuna. Afortunadamente, posteriores vacunas de la gripe no han mostrado una mayor incidencia de SGB (excepto quizás un ligero aumento en 1992 y 1993).

Un estudio de Harvard en 1997, realizado por Elissa Laitin y Elise Pelletier (quienes revisaron todos los estudios previos), llegaba a la conclusión de que hay una evidencia clara que muestra una conexión causal entre la vacuna de la gripe porcina y el SGB. Esta conclusión fue posible gracias a los esfuerzos de vigilancia bien organizados en 1976, una herramienta clave de la epidemiología.

Al mismo tiempo, muchos casos probablemente no se reconocieron o no se notificaron por entonces. Recientemente, por ejemplo, recibí esta correspondencia: «Estaba destinado en Fort Dix a principios de 1976 como joven y sano recluta durante la época de la gripe porcina. Nos administraron una vacuna. Durante este período me puse muy enfermo y fui hospitalizado en el hospital principal. Por favor, espero que usted pueda proporcionarme el nombre de la dolencia o enfermedad que causa un tipo de parálisis».

Una consecuencia positiva de la vacuna de la gripe y el desastre del SGB fue el desarrollo, en 1988, del Programa Nacional de Compensación de Daños por Vacunas, que compensaba a la gente por daños o incuso la muerte relacionados con la vacuna.

Mi objetivo al incluir esta sección en este libro no es reemplazar el miedo a la gripe aviar por el miedo a una vacuna, esperando que una anule a la otra, como ocurrió en el año 2002, cuando una enfermedad inexistente (viruela) generó miedos irreales hasta que fueron sustituidos por los temores de los anticuados virus vivos de la vacuna que estaban siendo sacados de bolas de naftalina para tratarlos.

En vez de eso, la lección de la gripe porcina tiene que ver más con el coste y el beneficio. La prevención es siempre una sabia consideración, pero tiene sus riesgos. Los fantasmas de 1918 sin duda pueden enseñar lecciones valiosas, pero también pueden ayudar a provocar una reacción precipitada hacia un nuevo virus que por sí mismo puede causar daños mientras que las personas que están al mando consideran el peor escenario posible.

Siempre debería mostrarse un respeto cuidadoso a la ciencia en todos los aspectos. En el caso de la gripe porcina, simplemente no había suficientes pruebas científicas para respaldar la convicción que tenían muchos representantes de la ciencia de que una gigantesca pandemia estaba a punto de ocurrir. Nadie quería admitir que en ese momento estaban especulando sobre el virus de 1918 y aplicando esa especulación a la gripe porcina de 1976, una tendencia que ha llegado hasta nuestros días.

2006

En el año 2006, nuestros científicos aún creen que se pueden mezclar en el cerdo los virus de la gripe aviar y humana y provocar una variación antigénica mayor que puede conducir a la siguiente pandemia de gripe. Pero volviendo a 1976, también se creía que la gripe española de 1918 tenía su principal mutación en los cerdos, una discusión que desde entonces se ha visto desafiada con los estudios sobre la estructura de la molécula de 1918. Los estudios llevados a cabo en los últimos 10 años han revelado que el virus de la gripe A H1N1 saltaron directamente de aves a humanos, lo que ha motivado la reciente especulación de que el actual virus aviar mortal H5N1 está a punto de hacer lo mismo.

Pero la especulación no es ciencia. Y la ciencia es una serie continuada de observaciones, no una afirmación a la que adherirse ciegamente (como al dicho antiguo de «la Tierra es plana») a pesar de los hechos que los corrigen. En 1976, debería haberse hecho esa rectificación del rumbo cuando la supuesta «primera oleada» del brote que iba a acercarse al de 1918 nunca salió de Fort Dix. Ignorar ese hecho importante reveló una fuerte convicción, pero no se trataba de ciencia auténtica.

Ahora, en el año 2006, en que de nuevo nos enfrentamos a una situación exacerbada, con planes en marcha para empezar la producción de la vacuna contra un virus que aún no nos está amenazando, y con nuestros fabricantes de vacunas pidiendo vía libre una vez más en contra de las responsabilidades, hemos de incorporar las lecciones de 1976, así como las de 1918.

Aprendemos mejor las lecciones de 1918 cuando las comparamos con la reacción masivamente motivada por el miedo de 1976. El hecho de que la gripe porcina nunca llegó a ser una epidemia no es la cuestión. Las autoridades sanitarias temían no estar preparadas, y quizás tomaron la decisión equivocada, aunque parecía razonable para muchas personas en ese momento. Pero en el año 2006, no tenemos excusa. Tenemos los resultados tanto de 1918 como de 1976 para estar informados. Podríamos mantener un debate público sobre si la actual gripe aviar es potencialmente más parecida a la gripe española o a la gripe porcina. Pero en vez de eso nos limitamos a enfocar el debate en su aspecto negativo, especulando sobre si este virus que aún no ha mutado es tan malo como la gripe española, o aún peor.

Un problema fundamental en 1918 era que el país no se centraba en la sanidad pública, sino que continuaba dependiendo de antiguas soluciones que no funcionaron. No resulta razonable aplicar simplemente la experiencia de la gripe española al mundo actual, que está mucho más poblado y por el que se viaja con mucha más facilidad, pero que también posee antibióticos, esteroides, medicación para el corazón y la diabetes, higiene, y sanidad pública, cosas que el mundo de 1918 no tenía. A pesar de estas diferencias esenciales, cuando llegó el año 1976 muchos de los hechos se habían olvidado, y 1918 se convirtió en una palabra en clave que designaba la falta de preparación. Invocamos 1918 e instantáneamente reaccionamos a cualquier amenaza con que pensábamos que nos enfrentábamos.

En el año 2006, existe una preocupación por la gripe aviar, pero no existe una inminencia real, el pánico al estilo de 1976 no es ni productivo ni realista. La preparación para algunas pandemias, no necesariamente la del H5N1, es un tema a largo plazo que implica mejorar los hospitales y tener a punto respuestas de emergencia, así como actualizar el hecho de cómo hacer vacunas: el uso de la tecnología, el cultivo celular y la ingeniería genética, todas las tecnologías de que disponemos ahora y usamos de manera rutinaria para otras vacunas.

4

A vista de pájaro

Creo que nuestra tendencia a observar los riesgos de la gripe aviar desde una perspectiva médica absolutamente humana puede ser un error crucial. Cuando veo a nuestros más destacados representantes sanitarios en la televisión, los Dres. Anthony Fauci, Julie Gerberding, Michael Osterholm y Mike Leavitt, contestando preguntas sobre la gripe aviar, pienso: ¿Y qué pasa con los veterinarios? Después de todo, la gripe aviar es una enfermedad de las aves; su reservorio natural son las aves acuáticas, no el hombre. ¿Quién mejor para analizar y hacer predicciones que los veterinarios, quienes estudian a las aves? Incluso mejor que los expertos en aves, ¿quiénes mejor que los expertos en aves que también son expertos en enfermedades infecciosas en las aves?

Hablé con Elizabeth Krushinskie, doctorada en Medicina Veterinaria, y vicepresidenta de los Food Safety and Production Programs (Programas de Producción y Seguridad Alimentaria) en la U.S. Poultry and Egg Association (Asociación Norteamericana de aves de corral y huevos). Ella reconoció al principio su posible parcialidad (su sustento está en el terreno de la agricultura comercial), pero teniendo en cuenta que toda la industria de las aves de corral está en riesgo, no sólo de la gripe aviar sino, aún más, del temor irracional a la gripe aviar, sus prejuicios parecen relevantes.

También hablé con David Swayne, doctorado en Medicina Veterinaria y director de la división Southeast Poultry Research Lab (Laboratorio de Investigación de las Aves de Corral del Sureste) de la USDA (Departamento de Agricultura de Estados Unidos), así como con Ron De Haven, doctorado en Medicina Veterinaria y director administrativo de la salud animal y de las plantas en el USDA. Las respuestas del doctor Swayne a mis preguntas se enviaron por correo electrónico y fueron aprobadas previamente por la división de comunicaciones del USDA debido a la sensible naturaleza de su trabajo y del tema en sí mismo. El doctor Swayne está considerado uno de los mayores expertos en gripe aviar.

La doctora Krushinskie estuvo de acuerdo en que el miedo es ahora el virus predominante, y no la gripe aviar. Dijo: «El miedo está causando un gran daño al sector de las aves de corral en todo el mundo. Por ejemplo, el consumo de aves de corral en Armenia cayó al 50% sin tener siquiera un solo caso de gripe aviar, pero fue debido a un caso hallado en Turquía. ¿Qué podemos hacer?»

Cada vez que la enfermedad se extiende a otra región del mundo, la bandada de aves de corral de esa área está en peligro, más por el temor que por el H5N1. En octubre de 2005, cuando se encontró un loro con la enfermedad en Gran Bretaña, el consumo de aves de corral en ese país cayó un 30%. En noviembre de 2005, cuando se descubrió un pollo infectado en Canadá occidental por un virus diferente de la gripe aviar que es mucho más benigno que el que circula por el sureste asiático, Japón detuvo inmediatamente la importación de aves de corral canadienses, y Estados Unidos limitó temporalmente la importación de pollos del Canadá occidental.

Imaginemos lo que puede ocurrir si tan siquiera un único ganso escuálido contrae la gripe aviar H5N1. A pesar de que el hecho de cocinar un pollo mata el virus, y de que la mayor parte de nuestras aves de corral están en recintos cerrados, lejos del contacto con las aves acuáticas, nuestra industria de las aves de corral se desmoronará automáticamente cuando otros países dejen de importar nuestras aves, y nosotros entraremos en un estado de pánico aún mayor y dejaremos de comer aves de corral por completo.

Hablando y manteniendo correspondencia con Krushinskie, Swayne y De Haven, tres veterinarios veteranos que han estudiado y seguido la pista de la gripe aviar a lo largo de sus carreras, fui capaz de apreciar el contexto en su conjunto. La gripe aviar es una enfermedad que reside en las aves acuáticas. El virus de la gripe aviar (gripe de tipo A) es un pequeño paquete de ADN que sufre muchos cambios, pero en la inmensa mayoría de casos no es patógeno y acaba muriendo en las aves.

Tal y como mencioné antes, todos los envoltorios de los virus de la gripe contienen dos moléculas esenciales, una hemaglutinina (con 16 posibles variantes) y un neuraminidasa (9 variantes). Existen 144 subtipos diferentes. Las proteínas de la hemaglutinina y la neuraminidasa son las que facilitan la infección. La molécula de la neuraminidasa se adhiere a la hemaglutinina en su región bisagra, después de lo cual el virus se pliega y es capaz de adherirse a la superficie de la célula huésped. Cuando nuevas partículas de virus están a punto de liberarse de la célula y dar el salto a las células vecinas, una vez más es la enzima neuraminidasa la que las ayuda a hacerlo.

Si éste es el curso normal del proceso en la gripe aviar, entonces ¿qué es lo que convierte una gripe aviar en un elemento ferozmente asesino de aves? Esto ocurre cuando el virus congenia con los desechos celulares, adquiere suficientes proteínas para poder deshacerse de las células con más facilidad, adherido no sólo por sus neuraminidasas, sino también por unas moléculas conocidas como proteasas.

Estos cambios hacen que los virus de una gripe sean más activos. Un virus hiperactivo saltando fácilmente de célula a célula es, de este modo, más mortífero. Pero mortífero puede significar mortífero para una especie y no para otra. Las proteases del pato, por ejemplo, no funcionan de manera efectiva en cualquier virus de la gripe aviar, no importa cuántas proteínas nuevas coja. Por esta razón los patos son los reservorios fundamentales o portadores de la gripe aviar, pero normalmente no mueren a causa de ella.

La doctora Krushinskie está preocupada porque quizás estemos sobreestimando la letalidad del virus H5N1, aumentando así nuestra preocupación innecesariamente. Reconoce que es bastante letal en aves, cerca del 80%, aunque señala que el 99% de las muertes aviares son resultado de la matanza selectiva efectuada por los hombres al intentar controlar el contagio de la enfermedad. En Rumanía, en el año 2000, por ejemplo, se mató a todas las aves de un pueblo cuando tan sólo unas pocas tenían la enfermedad.

Krushinskie y Swayne están a favor de la vacunación, así como de matar aves para controlar los brotes potenciales, pero Krushinskie advirtió contra el hecho de vacunar a toda la población aviar. «La vacunación es una estrategia incompleta para erradicar la enfermedad porque hace que un incendio intenso se convierta en un incendio moderado. Interfiere en nuestra estrategia de vigilancia. Recuerde, aquellas aves que mueren debido a la gripe o a la matanza selectiva no pueden contagiar la enfermedad. Aquellas aves que no responden a una vacuna aún pueden contagiarla.»

Krushinskie (y Swayne) creen que el 50% de la tasa de mortalidad en seres humanos también podría ser exagerada. En 1997, en Hong Kong, donde la gente se relaciona estrechamente con las aves en un mercado de aves vivas, hubo 16 casos de gripe aviar humana y 6 muertes. Pero de lo que no se informó lo suficiente entonces o desde entonces es del hecho de que miles de personas fueron exploradas en la zona y el 16% dieron positivo en anticuerpos, lo que implica en buena medida que existe una forma subclínica o más moderada de la enfermedad en seres humanos. También implica que más gente de la que creemos ha estado expuesta a este virus. A menos que una persona se ponga muy enferma, quizás ese caso no se comunique en absoluto. Y si la mayoría de personas expuestas al virus no enferman debido a él, eso significaría que la gripe aviar H5N1 no es tan letal para los humanos como se ha venido diciendo. Krushinskie considera que ahora deberíamos seguir haciendo esos estudios serológicos en Asia, en el momento en que una persona enferme debido a la gripe aviar, y así podremos calcular lo mortífera (o no) que es realmente para los humanos.

La doctora Krushinskie afirma que: «El H5N1 en su forma actual está muy lejos de ser tan mortífero en los seres humanos como creemos. Quizás sólo el 0,001% se ponen lo suficientemente enfermos como para llegar a ser casos clínicos. Toda esta exposición, y las mutaciones necesarias que permitan el contagio de persona a persona, aún no han ocurrido.» Considera que «el H5N1 probablemente seguirá su curso y desaparecerá. Fuera del sureste asiático no existe un solo caso. No hay presión selectiva para que se dirija a los humanos. Puede que fácilmente se marche tal y como vino.»

Muchos expertos no están de acuerdo con Krushinskie. De hecho, muchos expertos en enfermedades infecciosas están preocupados porque toda esta exposición a seres humanos y potencialmente a virus de la gripe humana aumenta las probabilidades de que uno de ellos mute en una forma que pueda infectarnos. Y mientras tanto, el H5N1 no desaparece. Continúa moviéndose, de forma latente y estallando, mata pollos, aves silvestres y, ocasionalmente, a alguna persona.

El mayor error estratégico, según Krushinskie, es concentrar toda nuestra atención en construir una gran protección para los humanos contra el H5N1 en Estados Unidos, en vez de combatirla ahí fuera en las aves. Krushinskie describe este fenómeno como «construir un gran cortafuegos y un foso alrededor de nuestra casa en vez de cruzar la calle para apagar el incendio antes de que nos alcance.»

Del dinero propuesto por el presidente Bush para prepararnos para las pandemias, 2.700 millones de dólares están destinados para actualizar las capacidades de nuestras vacunas, lo que parece una sabia idea, pero se destinarán menos de 300 millones de dólares a combatir el problema en las aves. «Tenemos la vista puesta en el lado equivocado del telescopio», afirma Krushinskie. «Necesitamos perseguir la enfermedad donde está teniendo lugar hoy en día, en las aves.»

Plan de ataque

El doctor Ron De Haven, uno de los principales administradores en la USDA, está viajando estos días por todo el mundo, reuniéndose con los principales miembros de la FAO (Organización de los alimentos y la agricultura de las Naciones Unidas), la Organization of International Epizootics, y en el lado humano de la ecuación, la OMS (Organización Mundial de la Salud) y los miembros principales del Banco Mundial. Hablé con el doctor Haven por teléfono desde Roma, donde acababa de reunirse con estos representantes de la salud, tanto aviar como humana.

De Haven tiene un trato muy cordial, y el aspecto de un administrador incansable y comprometido. Su principal objetivo estos días es desarrollar un plan efectivo de respuesta que implique estrategias tanto para los humanos como para las aves. Está más preocupado por la posibilidad de una pandemia humana del H5N1 a gran escala que Krushinskie, pero está de acuerdo en que un objetivo prioritario debería ser «atacar el virus de raíz. Reducirlo y retrasarlo».

De Haven revisó la historia de la gripe aviar patógena. Hubo tres brotes entre las aves en 1924, 1925 y 1929, todas ellas extinguidas en las aves de corral comerciales. También citó un gran brote de gripe aviar en 1983, que hizo que se eliminasen 17 millones de aves en Pensilvania y en el Shenandoah Valley, y uno en Texas, donde una bandada de pollos se infectó con la cepa patógena AI (no el H5N1), y se eliminaron 6.600 aves.

De Haven reconoció que ningún brote de gripe en las aves previo estuvo remotamente cerca del campo de acción del H5N1. En ese momento estaba más centrado en la contención que en la erradicación. Disponía de un presupuesto de 4,4 millones de dólares para las ayudas sociales en bioseguridad, que reconoció que no era completamente adecuado. «Necesitamos una vigilancia extrema de personas y productos. Las patas de pollo sin etiquetar en un avión podrían llevar consigo el virus, aunque no lo contagiarían. A diferencia del Oriente Próximo, no tenemos una ruta de aves migratorias, pero un ave del Pacífico que volase dirigiéndose a Siberia podría traerla a través de Alaska.»

El USDA cree que debe haber una mayor alerta de cara a los productos de aves de corral de contrabando, así como un aumento de la vigilancia de las aves migratorias. De Haven explicó que el período de incubación de la enfermedad en las aves es de 7 a 10 días, y el USDA, de manera rutinaria, lleva a cabo tres tandas de vigilancia con 7 días de diferencia. Cuando le pregunté por qué aún no hemos visto aquí la gripe aviar, De Haven enfatizó de manera repetida que la exposición a las aves asiáticas migratorias en Estados Unidos es bastante baja. Aún así, los patos o gansos asintomáticos podrían traer el H5N1 a través de Siberia y Alaska, por lo que la vigilancia está, sin duda, justificada.

De Haven está trabajando ahora junto a sus colegas en todo el mundo para desarrollar una estrategia exhaustiva de contención, incluyendo la exploración, la vacunación y la matanza selectiva. Los equipos entrenados van a las regiones afectadas y hacen una valoración país por país: ¿Tienen estos países los recursos para abordar el problema? Ahora mismo, los países prioritarios son Indonesia, Vietnam y China. China ya ha vacunado a 20 millones de aves, pero De Haven es incapaz de verificar la calidad o efectividad de la vacuna que están utilizando.

El objetivo de todo el mundo es reducir la cantidad viral de H5N1 en todo el mundo con un programa agresivo. De Haven cree que cuantos menos virus haya circulando, menos probabilidades habrá de que tenga lugar una mutación temible entre humanos. Como mínimo, varias especies de aves están en peligro. De Haven afirmó que, «reducir el virus en las aves como mínimo disminuye significativamente las probabilidades de que tenga lugar una pandemia humana. Y su mejor efecto sería una manera de controlar este virus».

El USDA considera que la vacunación puede ayudar a hacer progresos significativos contra el problema del H5N1. De Haven no está tan preocupado como Krushinskie de que demasiadas vacunaciones pueden causar un efecto latente pero que no llegue a apagar el fuego. El USDA dispone de 40 millones de vacunas para la gripe aviar, y 30 millones más se están fabricando y se ha planeado pedir otros 40 millones. De Haven afirma que esta vacuna ofrece una protección excelente a las aves y es al menos 10 veces menos cara de fabricar que la versión para seres humanos. Debe fabricarse en condiciones estrictas de esterilidad y precaución, aunque sin duda no hasta el mismo grado que con las vacunas para seres humanos. El mismo fabricante hace vacunas para todos los países que la necesitan, lo que asegura cierta consistencia en el efecto de la vacuna. De Haven trabaja con expertos en otros países y con las organizaciones internacionales para asegurar que haya suficientes vacunas y que se entrega en los lugares adecuados.

Lo que me impresiona de De Haven es que es una persona que en vez de ceder al pánico traduce su preocupación en acción, desarrollando una estrategia preventiva en las aves. Nadie sabe si este virus será alguna vez un problema real para los seres humanos, pero todos los expertos están de acuerdo en que es un gran problema para las aves. «Es un virus candente», afirma. «Posee la secuencia genética de un tipo muy patógeno. Definimos patógeno como un virus que mata a 6 de cada 10 pollos que están inoculados con él en el laboratorio. El H5N1 mató a 10 de 10 pollos.»

Preguntas y respuestas con el doctor Swayne

La oficina de comunicación del USDA contestó a una serie de preguntas que envié por correo electrónico al doctor David Swayne, uno de los mayores expertos mundiales en investigación sobre la gripe aviar en las aves. He editado las respuestas por cuestión de espacio y para evitar la redundancia. También le hice al doctor Swayne dos preguntas adicionales que el USDA rehusó que él respondiera. La primera era si deberíamos hacer más pruebas serológicas en personas por si se acercase un brote. La oficina de comunicación del USDA (que cooperó bastante y mostró interés) indicó que se trataba de una pregunta de tipo demasiado «humano» como para que él la contestase. La segunda pregunta era que cuáles pensaba que eran las probabilidades de que el H5N1 mutase a una forma que pueda causar la próxima pandemia humana. El USDA respondió esa pregunta por él: «No se sabe la respuesta».

¿Está de acuerdo en que deberían usarse muchos más recursos para abordar el H5N1 en la población aviar antes de destinar todos nuestros recursos para la preparación humana?

La FAO y el Banco Mundial han informado sobre la necesidad de incrementar los fondos para tratar de manera efectiva el virus H5N1 en las aves de corral. Esto no implica que los recursos deberían desviarse de los destinados a la preparación de los humanos, sino que muchos de los países más gravemente afectados no poseen recursos adecuados en medicina veterinaria, agricultura e investigación para desarrollar y aplicar un programa de erradicación con éxito en las aves de corral en el futuro próximo. Ésa es parte de la razón por la que el USDA y diversas agencias federales asociadas están trabajando con la comunidad internacional para ayudar a los países afectados por el H5N1 con esfuerzos en prevención y respuesta.

A nivel nacional, el gobierno de Estados Unidos está adoptando un enfoque proactivo para asegurar que hay un plan a punto para combatir tanto un brote humano como uno animal. El USDA está trabajando para asegurar que podemos detectar, contener, aislar y erradicar cualquier brote de H5N1.

¿Cree que el H5N1 puede ser controlado en las aves?

El virus de la HPAI (gripe aviar altamente patógena) H5N1 ha sido erradicado de manera efectiva en tres países durante el año 2004: Japón, Corea del Sur y Malasia. Utilizaron pruebas temporales *(time-tested)* además de nuevas tecnologías como parte de un programa efectivo de erradicación. Otros países no han tenido tanto éxito en la eliminación. Esto no significa que no puedan eliminar el virus de su país, sino que se han de desarrollar y aplicar nuevas estrategias, incluyendo una mejor infraestructura médico-veterinaria e investigar para desarrollar mejores herramientas de diagnóstico y estrategias mejoradas para evitar que las aves se infecten.

Aquí, en Estados Unidos, seguimos trabajando... para asegurar que estamos preparados para responder a cualquier brote de HPAI, incluyendo el H5N1.

¿Cree usted que estamos perdiendo de vista el bosque por centrarnos en un solo árbol? ¿Estamos informando mal a la población acerca del H5N1 por no centrarnos en el tema de los virus de la gripe aviar en general?

Existen 16 subtipos de hemaglutinina y 9 de neuraminidasa de virus de la gripe aviar, para un potencial de 144 subtipos diferentes. Algunos de estos subtipos han causado brotes en aves de corral domésticas en el pasado. Son... 24 epizoóticos del virus de la gripe aviar altamente patógena (HPAI)... Puede ver la importancia de los otros subtipos de los virus HPAI. Además, existen brotes significativos del virus de la gripe aviar poco patógena (LPAI), que es endémica en aves de corral en buena parte de Oriente Próximo y Asia. Continuamente estamos examinando los subtipos que aparecen y provocan infecciones en las aves de corral en diferentes partes del mundo.

¿Existen otros virus de la gripe aviar por los que deberíamos estar más preocupados?

Otros subtipos de virus AI han provocado brotes en las aves de corral e infecciones asociadas a seres humanos. Sin embargo, no todos los virus AI han tenido el mismo riesgo de infectar a humanos y no deberían situarse en la misma categoría que los virus HPAI H5N1. En varios de los brotes de HPAI no se detectó ninguna evidencia de infección humana; además, algunos estudios experimentales han revelado que no todos los virus HPAI tienen un alto riesgo de infección humana (Dybing y cols.). En resumen, no hay pruebas que sugieran que actualmente haya otros virus de gripe aviar por los que deberíamos estar más preocupados, pero reconocemos que otros virus han provocado enfermedades humanas y que cualquier virus de la gripe posee el potencial de provocar enfermedades, de ahí nuestra investigación vigilante y nuestros esfuerzos.

¿Qué plan tiene en mente el USDA para, en primer lugar, evitar que el H5N1 aparezca en EE.UU. y, en segundo lugar, controlarlo si eso ocurre?

El USDA está tomando diversas medidas para prevenir el contagio del HPAI H5N1. Esos esfuerzos empiezan en su origen, en países afectados por el virus. El USDA está trabajando con varios de nuestros socios federales para ayudar a esos países con planes de prevención y respuesta. También mantiene restricciones comerciales a la importación de aves de corral y productos derivados de países afectados por el H5N1. Además, todas las aves vivas importadas entran en cuarentena y se les hacen pruebas. El elaborado sistema de vigilancia que tiene lugar en Estados Unidos también es importante. El USDA trabaja con socios federales, estatales e industriales para controlar las bandadas comerciales, los mercados de aves vivas, la población aviar en explotaciones particulares y la población de aves migratorias. En caso de un brote, el USDA está preparado para trabajar estrechamente con los gobiernos estatales para contener rápidamente, aislar y erradicar la enfermedad.

Visita a la tierra del pato que estornuda

Una semana antes del día de Acción de Gracias, recibí una llamada telefónica de preocupación de mi paciente Mike Lee. Era la primera que recibía de él en más de 2 años. Antes de su llamada, Mike siempre se había mostrado como una persona tranquila.

«La gripe aviar acabará con mi negocio», dijo prácticamente gritando a través del teléfono, claramente mucho más asustado por la pérdida de ingresos que por la amenaza física directa de la gripe aviar en sí misma.

El señor Lee había dejado de venir a verme debido a su alta presión arterial a principios del año 2003, cuando su agencia de viajes asiática casi fue destruida por la neumonía asiática. Había perdido su seguro sanitario y estaba demasiado deprimido para contármelo, aunque en situaciones similares a menudo he recibido a pacientes sin cobrarles.

De alguna manera, se había aferrado al negocio. En el año 2005, finalmente consiguió que volviera a generar beneficios, pero ahora estaba afectado por la gripe aviar. La neumonía asiática había pasado de largo, pero toda la cultura asiática estaba conectada a las aves. Las aves caminaban por las calles; las aves de corral se mataban en fosos al aire libre en las granjas. ¿Cómo iba a ser posible eliminar la gripe? El Sr. Lee se sentía mal por las aves, pero la gente iba a sufrir tremendos apuros económicos debido al temor a las aves. «¿Cómo voy a aguantar este virus?» gimió por teléfono, casi como si él tuviera el virus.

Vino a mi oficina al día siguiente y se sentó en mi consulta en el pequeño sofá de cuero azul. Normalmente era un hombre callado, pero podía ver que tenía ganas de hablar. Habló acerca de los comienzos de su agencia de viajes, que ahora estaba languideciendo. Había viajado por primera vez a Bangkok 20 años antes, mientras trabajaba como ingeniero para una empresa de telecomunicaciones. Bangkok es aún objeto de estudio por el tipo de contrastes que hacen que el contagio de la gripe aviar sea posible.

Existe una pobreza profundamente arraigada entre una riqueza emergente. Hay Mercedes nuevos que circulan entre gente que vive en casas de tejados de hojalata.

Cuando le pregunté acerca de la seguridad de viajar a Asia en todos estos años, sonrió por primera vez. «No hay que beber agua del grifo; conviene pelar las frutas y las verduras, lavarlas y comerlas preferiblemente cocinadas.»

«¿Y las aves?»

Lee suspiró. «En los pequeños pueblos del sureste asiático, los pollos están por todas partes. Llegan a ser como mascotas para muchas familias. En los mercados, los pollos suelen venderse vivos. No hay supermercados, excepto en las grandes ciudades. Los vendedores de aves las guardan en jaulas, a veces varias aves en una sola jaula. Y si una de estas aves muere, simplemente se queda ahí con las que están vivas. Las jaulas de pollos se guardan al lado de otras jaulas con patos o incluso palomas. Al final del día, las aves que no se han vendido vuelven a casa, incluso si han compartido jaula con un ave muerta. Los países más ricos como Japón tienen mejores condiciones.»

Negó con la cabeza. «En casa, en Vietnam, los niños a veces jugaban con las gallinas. Y los pollos a veces se llevaban a las peleas de pollos locales. Las condiciones para las aves son realmente malas. Los propietarios de aves utilizan muchos trucos para que sus pollos adopten una actitud combativa, y una manera habitual es poner el pico de un ave en la boca del propietario, para mojarle el pico con saliva. Esto hace que el pollo se ponga realmente furioso.»

«Así que no es sorprendente», dije, «que muchas de las personas que han contraído la gripe aviar hayan vivido en Vietnam.»

Mike Lee ha enviado diversos grupos de gente a Asia. Los hombres de negocios van allí para comerciar. Los académicos y estudiantes van por compromisos académicos y conferencias. Los turistas acuden para recorrer la Gran Muralla China o hacer un crucero por los ríos o visitar los templos. Científicos, artistas, excursionistas, cineastas, tenderos y otras personas viajan a Asia para experimentar esa cultura. «Pero», dijo el Sr. Lee, «ninguno de ellos manipula o besa las aves vivas»,

El señor Lee me dijo que creía que el aumento del comercio y del turismo ha ayudado a aumentar el nivel de vida en buena parte de Asia, y se espera que ayude a eliminar los campos de cultivo para nuevas enfermedades en el futuro. No hace tanto tiempo, señala, era normal ver «tarros de miel» (transportistas de desperdicios) por todas las calles de Asia. Pero el desarrollo después de la guerra ayudó a mejorar las condiciones sanitarias, y ahora los «tarros de miel» están desapareciendo incluso en los países más pobres. Con el aumento de la riqueza han llegado maneras más saludables de criar y vender las aves, así como un mejor acceso a los cuidados sanitarios.

«Las agencias de viaje asiáticas emplean a millones de personas», dijo el señor Lee. «Algunas trabajan en hoteles, aeropuertos, restaurantes o tiendas en Asia. Otras montan agencias como la mía. Cuando sus trabajos se ven amenazados o los pierden, pierden también su salud. Enferman, pero no de gripe aviar. Es por el hambre, la hepatitis o el SIDA.»

Hablé con el señor Lee sobre la posibilidad de dirigir sus agencias de viajes a otra parte diferente del mundo que no estuviese perjudicada por la última amenaza sanitaria. También traté su creciente depresión con una pastilla.

Lee dijo que no estaba preparado para rendirse en Asia. Intentaría aguantar la gripe aviar del mismo modo que había aguantado la neumonía asiática. La tecnología moderna estaba aportando una mejor salud tanto a las aves como a las personas en Asia, lo que suponía una situación sanitaria menor para nosotros. Mientras tanto, personas como Lee siguen valorando lo viejo al mismo tiempo que incorporan lo nuevo.

Me habló con melancolía de un monasterio budista en el sureste de China, a donde los turistas viajaban para ver una cocina de 1.000 años de antigüedad con una lumbre que lleva ardiendo desde hace 600 años.

Consideré que era inadecuado recetarle Prozac cuando se iba. Aquí tenía un paciente que no se ponía frenético años antes de una enfermedad aviar que ahora apenas estaba afectando a las personas, y sin embargo lo estaba tratando por depresión, en vez de los histéricos que no viajaban y los que eran responsables de que el Sr. Lee se estuviera jugando su negocio.

5

El Tamiflu y la vacuna para la gripe aviar

Volviendo al año 2001, cuando 22 personas desarrollaron carbunco a través de esporas que fueron enviadas por correo, el miedo al correo se hizo tan grande que 30.000 personas tomaron el antibiótico ciprofloxacino como una forma de protección o prevención. De hecho, este antibiótico puede causar diarrea, insomnio y erupciones cutáneas, además de síntomas neurológicos en los niños. Pero cuando las personas están asustadas, buscan algo que las calme, y la urgencia por combatir el supuesto peligro desencadena una poderosa emoción. El problema no era el carbunco, sino el miedo al carbunco, y el ciprofloxacino era una tirita para ese miedo.

Recuerdo a un paciente en el año 2001 que estaba tan desencajado por el miedo al carbunco que apenas le reconocía, aunque había estado viniendo a verme durante al menos 10 años. No es que su aspecto hubiese cambiado, aunque la gorra de béisbol que le caía sobre los ojos y el calzado que llevaba no eran su atuendo habitual.

Bajo las luces de mi sala de reconocimiento, me di cuenta de que era su manera de comportarse lo que más había cambiado. Antes era una persona que mostraba confianza, incluso algo estridente, y ahora se apoyaba contra el mostrador, sin querer sentarse. Se encorvó, retorciéndose las manos y mirando cada pocos segundos hacia la ventana.

Al verme, parecía calmarse, y le recordé que la visita era tan sólo un simple seguimiento de una infección de próstata. Tenía que dejar una muestra de orina y podía marcharse, y ya le llamaría en unos días con los resultados. Podía dejar de tomar ciprofloxacino.

«Lo he retomado», suspiró, aunque su voz normalmente se hacía notar.

«¿Y por qué? Te di el frasco para el caso de que la infección recurriera y no pudieras acudir a mí en seguida».

«¿Y por qué debería dejarlo ahora?» Y entonces pronunció las palabras que supuestamente lo explicaban todo: «Hay una guerra en marcha».

Podía ver cómo observaba los armarios de la sala de reconocimiento. ¿Se estaba preguntando qué medicamentos había ahí? Puse mi mano sobre su hombro y nos miramos. Me di cuenta de que siempre había tratado a este paciente más como si fuera un amigo. Él sabía el número de teléfono de mi casa; tenía libertad para llamarme cuando no estaba trabajando. Nos gustaba hablar de deportes. Resultaba doloroso considerar una nueva tensión externa que se había convertido en habitual entre nosotros.

En mi sala de reconocimiento expliqué a este paciente que los riesgos de tomar este caro antibiótico durante un período de tiempo prolongado pesaban mucho más que cualquier beneficio contra un microbio inconcebible. Debido a un uso prolongado de este fármaco, este paciente podría desarrollar diarrea, sarpullidos o insomnio.

«Insomnio», dijo. «¿Y qué? Ya no puedo dormir».

Revisé las notas de mi oficina y me fijé en que unos años antes este paciente había tenido un breve episodio de ansiedad relacionado con un problema laboral. Había declinado la medicación, y el problema se resolvió por sí mismo.

«¿Qué me dices de tomar algo para calmarte los nervios y ayudarte a dormir?»

El paciente aceptó esta vez de buena gana. Tenía 35 años, vivía solo en un apartamento cerca del World Trade Center, a seis manzanas. Trabajaba en una empresa de comunicaciones y estaba en el trabajo cuando los aviones se estrellaron contra las Torres Gemelas. Después, al volver a su casa, vio aquella zona humeante y cubierta de hollín, donde tuvo que tener las ventanas cerradas y su teléfono no funcionó durante semanas. Me contó que desde el 11 de septiembre se pasaba las noches sentado en una silla, totalmente vestido, por si tenía que marcharse de repente.

Intenté sacarle esa idea lo mejor que pude: «Lo más probable es que no vaya a ocurrir nada más. El riesgo del carbunco es extraordinariamente bajo. ¿No me crees?»

«Sin duda te creo, pero no puedo dejar de pensar en ello».

Desde el otro lado de mi escritorio podía ver su abultada cartera, en la que se veía una máscara de gas. Dijo que la llevaba consigo allá donde fuera. Intenté no mirarla. «¿Estarías de acuerdo en ver a un terapeuta?»

«¿Estás diciéndome que estoy loco?»

«Por supuesto que no. Estoy preocupado por si tu reacción está causándote ese dolor».

«Puedo soportarlo. Hablemos sobre algo más importante. La vacuna para el carbunco, ¿me la puedes conseguir?»

«No es una vacuna muy potente, y ahora mismo no la puedes conseguir en América. Si insistes, puedes volar hasta Inglaterra para conseguirla».

«¿Estás loco? ¿Coger yo un avión ahora mismo?»

El paciente se levantó y se fue directo a la parte delantera de la oficina. Pensé que mi sugerencia de un «avión» le había hecho perder algo de respeto hacia mí.

«Espera», dije. Pero me ignoró. Se dirigía al armario con los fármacos en la parte delantera de la oficina. Sin dudarlo, empezó a revolverlo todo.

Mi enfermera, que nunca había visto antes a un paciente entrar de manera tan atrevida en una parte privada de la oficina, tenía miedo de interponerse. El paciente empezó a tirar cajas de pastillas hasta encontrar el antibiótico que estaba buscando, y luego se lo embutió en el bolsillo hasta agotar mis existencias. Luego se marchó de mi oficina, sin despedirse de nadie.

Me dispuse a ir tras él, pero mi enfermera me detuvo sabiamente. «Déjele marchar», me dijo.

El Tamiflu es el nuevo ciprofloxacino

En el año 2005, el hombre del ciprofloxacino aún venía a verme. Hacía tiempo que se había deshecho de su ciprofloxacino, y ya no dormía con las botas puestas. Pero aún seguía preocupado. Cuando el miedo a la gripe aviar se disparó, fue uno de los primeros en preguntar si podía tener una provisión de Tamiflu a mano por si acaso. Le dije que el Tamiflu no se había probado contra la gripe aviar en las personas, y desde el momento en que ni siquiera había casos aquí en aves, lo mejor para todos sería dejar al gobierno las decisiones sobre acumular existencias en caso de emergencia.

«El gobierno», resopló. «Qué sabrán ellos».

De todas maneras, le dije al paciente que no creía en la acumulación personal de fármacos, punto. Consideraba que un médico tenía un papel intrínseco a la hora de decidir si se recetaba, y cuándo, un fármaco. El Tamiflu parecía ser un fármaco relativamente seguro. Se había suministrado a 32 millones de personas desde sus comienzos en 1999, siendo su efecto secundario más común las náuseas (entre el 5 y el 10%). Recientemente, en Japón, donde se han hecho 24 millones de recetas, el ministro de Sanidad japonés reveló que 32 personas habían tenido problemas psiquiátricos y 12 habían muerto, aunque un jurado de la Food and Drug Administration (FDA) de Estados Unidos informó que no se había demostrado una relación de causa y efecto. Estaba claro que el Tamiflu necesitaba estudios adicionales, pero por el momento aún se consideraba bastante seguro.

«¿El Tamiflu es seguro?» me preguntó.

Mi paciente dijo que conocía estos informes japoneses, y temía que el fármaco le haría ponerse ansioso. Siempre había admitido que era un paciente ansioso, aunque probablemente pensaba que era menos ansioso de lo que realmente era. Quizás ésta era la razón por la que no me presionó (su miedo a la gripe aviar estaba siendo temporalmente superado por su miedo al Tamiflu). En cualquier caso, no tenía ninguna muestra del fármaco en mi armario, así que su fuerza de voluntad no podía ponerse a prueba como ya ocurrió en el año 2001.

Si tenía lugar el peor escenario posible y surgía una nueva pandemia, sospechaba que el Tamiflu podría ser útil. Hasta qué punto lo sería dependía del alcance de la pandemia. Las últimas dos pandemias, en 1957 y 1968, habían sido relativamente leves, y el susto de la gripe porcina en 1976 había sido más por el miedo en sí que por la gripe. De los cuatro fármacos antigripales existentes en el mercado en el año 2005, el Tamiflu era el más nuevo, y parecía ser el más tolerado y el que había demostrado que funcionaba como preventivo. ¿Pero preventivo contra qué? Treinta y dos millones de usuarios habían tomado Tamiflu para protegerse o tratar la gripe humana, que se cobraba 36.000 vidas en Estados Unidos cada año. El Tamiflu aliviaba los síntomas y la duración en al menos 1 día. ¿Pero qué pasaría en el caso de la gripe aviar? Dado que actualmente no hay gripe aviar en Estados Unidos, las reservas de Tamiflu son más un tratamiento para combatir el miedo que para la gripe aviar. No existe justificación para cualquier potencial efecto secundario, ya que no hay ninguna enfermedad que tratar.

Muchos pacientes estaban mal informados pensando que el Tamiflu era algún tipo de vacuna en vez de un fármaco que reducía los síntomas bloqueando el contagio viral entre una multitud infectada. Pero mi paciente del ciprofloxacino sabía exactamente lo que era el Tamiflu. Debía haber decidido que superaría su miedo a los efectos secundarios japoneses, ya que me pidió algunas muestras «por si acaso.»

«No nos traen muestras de Tamiflu», contesté.

Ahora él no sabía qué hacer. Empezó a cerrar y abrir sus puños. Necesitaba un tratamiento instantáneo contra el miedo a la gripe aviar. Sabía, sin tener que preguntárselo, que no estaba comiendo pollo, que hacía tiempo que había retirado el comedero de aves de su patio trasero y que cuidadosamente evitaba los excrementos de paloma en la calle.

Pero nada de eso era suficiente. Este paciente necesitaba una vacuna contra el miedo a la gripe aviar. Dado que la vacuna de la gripe aviar aún no estaba disponible para ese objetivo, me pidió la vacuna anual para la gripe que estaba por venir.

De hecho, en el año 2005 la obsesión por la gripe aviar había desviado la atención de la vacuna de la gripe anual, que el año anterior había aparecido como una panacea ante una repentina escasez. Cuando falta un accesorio contra el miedo, la amenaza en sí misma siempre parece más ominosa.

Pero en el año 2005, la gripe habitual anual se olvidó, superada por la siniestra amenaza de esas aves asiáticas monstruosamente enfermas.

De repente, mi paciente exclamó excitado, «Oye, ¿ya tienes alguna vacuna para la gripe?»

Respondí afirmativamente. Acababa de recibir mi suministro anual unos días antes. Imaginaba lo que estaba pensando: la vacuna de la gripe anual seguro que ofrece cierta protección contra la gripe aviar.

Lo vacuné, tratando su miedo, pero no tenía la moral suficiente para decirle que simplemente no había ninguna prueba de que fortalecería su sistema inmunológico contra el virus H5N1 de la gripe aviar.

¿Qué es el Tamiflu?

Actualmente existen cuatro fármacos antigripales en el mercado: amantadina, rimantidina, Relenza (zanamivir) y Tamiflu (oseltamivir). Los cuatro fármacos han demostrado reducir la duración de los síntomas en un día si se toman durante los dos primeros días del inicio de la gripe.

La amantadina lleva en el mercado desde 1976. La rimantidina, que funciona de la misma manera, apareció en 1993. Estos fármacos interfieren en la capacidad del virus de hacer copias de sí mismo. Aunque hay muchos tipos de gripe, todos poseen la misma proteína viral, M2, y la amantadina y la rimantidina son efectivas contra la gripe de tipo A (incluyendo el H5N1). Sin embargo, un estudio reciente aparecido en un diario británico reveló el desarrollo de una resistencia al fármaco (lo que significa que la cepa del virus se había vuelto resistente, no el paciente) en el 12% de los casos. Pronto acabaría siendo también inútil en virus aviares, ya que según parece China ha estado administrando miles de millones de dosis de amantadina a las aves de corral (esto está prohibido en buena parte de Occidente). Esta creciente resistencia al medicamento es lo que ha llevado, en parte, al desarrollo de nuevos fármacos que funcionan de manera diferente.

Relenza y el Tamiflu aparecieron en 1999 y son efectivos tanto contra la gripe de tipo A como la de tipo B. Relenza son unos polvos que se inhalan, por lo que tiene un uso limitado en asmáticos y otras personas con dificultades respiratorias. Estos dos fármacos se llaman inhibidores de la neuraminidasa, lo que significa que bloquean las enzimas que están esparcidas por la superficie de los virus gripales. (La neuraminidasa es el N1 del H5N1.) Como mencioné previamente, las enzimas de neuraminidasa ayudan a construir y después deshacer los lazos que unen un virus de la gripe con la parte externa de las células, y de ese modo ayudar a contagiarlo a otras células en el huésped. Los inhibidores de neuraminidasa previenen del contagio viral.

Los cuatro fármacos antigripales resultan efectivos de manera similar y están aprobados para su uso en niños mayores de un año, pero la amantadina y la rimantidina pueden provocar nerviosismo, ansiedad, insomnio, dificultad para concentrarse y sensación de estar flotando (13% en amantadina, 6% en rimantidina). Las náuseas tienen lugar en cerca del 2% de los pacientes que toman amantadina o rimantidina, y al menos el triple en pacientes que toman Tamiflu.

Sólo el Tamiflu se ha estudiado como preventivo contra la gripe (más que simplemente como un tratamiento), y es esa denominación la que hace que se almacene el fármaco preparado para combatir la gripe. De hecho, sólo se ha estudiado (y se ha descubierto que es moderadamente efectivo) contra el virus H5N1 en ratones, aunque se espera que tenga algún efecto en seres humanos si el virus H5N1 muta.

Pero parte de la dificultad a la hora de almacenar este fármaco es la falta de una clara indicación de cuándo hay que tomarlo. ¿Cuando un ave contrae la gripe aviar? Sin duda, no. ¿Cuando un ave de nuestro vecindario está enferma? En este caso, una vez más, no estaría indicado, ya que es casi imposible contraer la gripe aviar de un contacto casual con un ave.

Incluso si tuviera lugar el peor de los escenarios posibles y el actual virus mortífero de la gripe aviar mutara en una forma que siguiera siendo letal y se contagiara de persona a persona, e incluso si el Tamiflu mantuviera su efectividad contra el virus mutado, aun así no estaría claro cuándo habría que tomarlo. ¿Cuando el virus ya mutado entre en el país? ¿Cuando se encuentre en nuestro vecindario? Sin duda, uno consideraría el hecho de tomarlo si alguien de nuestra familia contrajera la temible enfermedad, una perspectiva que actualmente resulta bastante remota.

Estar enganchados como «mirones» a las noticias de la televisión hace que la gripe aviar parezca una amenaza demasiado inminente, y demasiado personal. Esto lleva a la acumulación de Tamiflu, un fármaco con efectos secundarios (los más comunes son las náuseas, pero existe una remota posibilidad de padecer síntomas neurológicos o psiquiátricos). El Tamiflu es un fármaco cuya intención, igual que sus tres primos, es aliviar los síntomas de un posible ataque de gripe. Sin duda, tiene sentido tenerlo en cuenta si esa gripe es un tipo de pandemia más poderosa, ya surja de un virus mortífero de gripe aviar H5N1 o no. Pero el Tamiflu no es una vacuna, y no tiene sentido que la gente lo acapare ahora esperando su uso profiláctico en un futuro inmediato. Esa acumulación no sólo cuesta dinero, sino que el fármaco caduca en unos tres años.

La vacuna de la gripe aviar

Los recursos para la fabricación de vacunas en Estados Unidos son limitados. Sólo existen tres laboratorios para fabricar más de 80 millones de dosis de la vacuna de la gripe humana anual, sin ninguna garantía de que todo el suministro se venda o se distribuya adecuadamente. La FDA intenta asegurar que el suministro de vacunas es estéril, una propuesta cara para un fabricante de fármacos, especialmente a la hora de tratar con un producto genérico como una vacuna. En el año 2004, el lote entero de 50 millones de dosis que fabricó Chiron (una empresa norteamericana cuya planta de fabricación está en el Reino Unido) tuvo que ser desechado porque se descubrió que estaba contaminado con una bacteria común conocida como *Serratia*.

No hace tanto, en la década de 1970, había 27 fabricantes de vacunas en Estados Unidos. Pero debido al estrecho margen de beneficios y el miedo a los pleitos, muchos abandonaron el negocio. Ante el temor a una pandemia, Tommy Thompson, el antiguo secretario del USDHHS (Departamento de Sanidad y Servicios Humanos estadounidense), empezó en el año 2002 a hacer peticiones de al menos 100 millones de dólares durante tres años seguidos para actualizar la capacidad de producción de vacunas. El dinero era para ayudar a los fabricantes de vacunas a reemplazar el empleo de huevos de gallina para hacer vacunas por una nueva tecnología basada en las células utilizando tecnología genética.

El primer año, el Congreso recortó todas sus demandas. El segundo año, recibió la mitad de lo que había pedido. Finalmente, en el 2004, se aprobó la partida de 100 millones de dólares.

Pero incluso en una época de enormes dificultades con la provisión de vacunas para la gripe, la época posterior al 11-S, el Congreso no se ha centrado en la vacuna. A principios del año 2005, un poderoso grupo de legisladores republicanos empezó a presionar para que se aprobara el «BioShield 2» en el Congreso. El BioShield original, aprobado en julio de 2004, asignó 5.600 millones de dólares en 10 años al Departamento de Seguridad Nacional para la adquisición de contramedidas para el carbunco, la viruela y otras amenazas terroristas. Este gasto incluye la asignación para que 75 millones de dosis de una vacuna de carbunco de segunda generación estén disponibles para su almacenamiento.

El BioShield 2 propone proteger a los laboratorios farmacéuticos contra demandas, uno de sus mayores factores desmotivadores a la hora de fabricar vacunas, a la vez que aumenta en varios miles de millones más el dinero asignado.

El enfoque del Gobierno federal sobre las vacunas cambió drásticamente respecto a la gripe aviar en otoño de 2005, cuando unos artículos publicados en las revistas *Nature* y *Science* revelaron la secuencia final de las moléculas H1N1 de la gripe española de 1918. El hecho de que la gripe española era una gripe aviar se sabía desde al menos 30 años antes, y la manera exacta como se contagió a los seres humanos se conocía desde al menos un año antes. Sin embargo, estos estudios, combinados con el contagio continuado del H5N1 entre las aves de Asia y Europa, alimentó una manifiesta preocupación que fue muy útil para los representantes de la sanidad pública, quienes querían que se dedicada una mayor atención a la gripe aviar en general y a la vacuna de la gripe aviar en particular.

De hecho, ya se había desarrollado una vacuna contra el H5N1 utilizando un virus aislado de un paciente vietnamita en el año 2004. A finales del 2005, el NHI (Instituto Nacional de Salud) había probado esta vacuna en humanos, y según el doctor Anthony Fauci, director del NAID (Instituto Nacional de Alergia y Enfermedades Infecciosas), se había demostrado que era segura y que inducía una respuesta inmunitaria que se preveía que proporcionaba protección. Fauci también ha indicado en los medios de comunicación que actualmente la capacidad de producción de vacunas no es suficiente para abastecer a todas las personas que pudieran necesitarlas.

Por supuesto, Fauci se refería al peor escenario posible: si tuviera lugar una mutación que permitiera que el virus H5N1 se contagiara de persona a persona, y si este virus mantuviera su letalidad (tal y como señalé en el capítulo 4, de hecho es difícil determinar hasta qué punto es letal) y se extendiera y se convirtiera en una pandemia entre humanos. Tanto el CDC como el NIH han indicado que el objetivo sería producir 300 millones de dosis en seis meses si resultara que el peor escenario posible fuese inminente. El actual secretario del USDHHS, Mike Leavitt, ha dicho que se necesitarían entre tres y cinco años para conseguir una producción rápida con los medios actuales. (En 1976, la rápida producción de vacunas se consiguió más fácilmente porque el clima en el sector farmacéutico era mejor. De hecho, el fiasco de la gripe porcina fue el que provocó la espantada de los fabricantes de vacunas.)

Leavitt aboga por la implicación del Gobierno en diversos pasos para producir vacunas de la gripe, tanto de cara a una posible pandemia como para la vacuna anual. Cree en el uso de los estatutos federales para limitar la responsabilidad de las compañías farmacéuticas a la vez que se aportarían compensaciones para aquellas personas que de manera inadvertida sufrieran lesiones ocasionadas por los efectos secundarios de una vacuna. Cree en la implicación de la FDA en el proceso para que exista una cierta flexibilidad reguladora, a la vez que se garantiza un mercado para las compañías farmacéuticas para las vacunas que al final se desarrollen.

El 13 de noviembre de 2005, el *Milwaukee Journal Sentinel*, en un artículo titulado «¿Are We Prepared?» («¿Estamos preparados?») indicó que el USDHHS había elaborado una lista de las personas que recibirían antes la vacuna. Estos dos grupos (los trabajadores del sector sanitario y los fabricantes de vacunas) requerirían diez millones de dosis. A continuación, se administraría a las personas con enfermedades crónicas, los inmunodeficientes y las personas de más de 65 años. Desgraciadamente, al darse a conocer la existencia de esta lista, así como los intentos de actualizar la capacidad de producción de vacunas hasta el punto de poder abarcar a toda la población, el gobierno, una vez más, envió el mensaje involuntario de que una gran pandemia estaba a punto de llegar, aunque de hecho seguía siendo un suceso poco probable.

¿De 3 a 5 años?

¿Cómo podrían necesitarse entre 3 y 5 años para tener a punto una vacuna que se necesitaría en sólo unos meses para poder salvar vidas? ¿Estaba nuestro sistema realmente tan desfasado?

A finales de octubre de 2005, el presidente Bush había propuesto al Congreso un desembolso de 7.100 millones de dólares para abordar el riesgo de la gripe aviar. Afortunadamente, este plan incluía 2.700 millones de dólares para actualizar la fabricación de vacunas utilizando la moderna tecnología celular y una estrategia para reducir la responsabilidad de los fabricantes de vacunas para que se vieran inclinados a participar.

Después de que hay hospitales que no tienen ni idea ni están preparados, el segundo eslabón más flojo en la cadena de preparación es la producción de vacunas. Cuando se administra una vacuna, se inyecta un virus muerto o debilitado en una persona, donde genera una respuesta inmunitaria, pero sin causar ningún síntoma de la enfermedad de la que se supone que queremos protegernos. Entonces el cuerpo transporta, durante un cierto período de tiempo prolongado, los anticuerpos específicos para ese virus o bacteria y tiene la capacidad de fabricar más si se ve enfrentado a él.

Aunque las técnicas de recombinación genética se usan de manera habitual para otras vacunas como la de la hepatitis (se «programa» una bacteria de *E. coli* para fabricar anticuerpos virales) y llevan utilizándose desde la década de 1980, en Estados Unidos aún se fabrican actualmente todas las vacunas para la gripe, incluyendo vacunas potenciales para la gripe aviar, usando un método creado hace casi 50 años. En primer lugar, los científicos identifican el virus vivo en la sangre de una víctima; luego, se inyecta en un huevo de gallina fertilizado. Una vez ha crecido en los huevos de gallina, se ha de inyectar en más huevos hasta que millones de éstos hayan sido inyectados con el virus. Este virus se cultiva, se purifica y luego se neutraliza. Puede necesitarse medio año o más para encontrar la cepa y comercializar el primer grupo de dosis de vacunas.

Irónicamente, el virus H5N1 es tan mortífero para los embriones de gallina que interfiere en el proceso de fabricar una vacuna contra sí mismo. Los huevos han de tratarse de manera especial para poder emplearlos.

La tecnología está disponible, pero es muy caro cambiar el método tradicional de producción por la nueva tecnología. Los métodos más comúnmente utilizados incluyen la genética inversa y los cultivos celulares.

En la genética inversa, no se necesita la cepa de virus original para trabajar a partir de ella. Utilizando la estructura del virus, los científicos pueden manipular genéticamente un virus de la gripe que ya tenían para presentar una H y una N diferentes, insertando tiras de material genético, convirtiendo un tipo de virus en otro. A continuación, en vez de inyectar ese tipo genéticamente manipulado en millones de huevos, crecen en cultivos celulares.

Primero, los científicos hacen crecer células animales o humanas en grandes cubas con una solución a base de nutrientes. Luego inyectan la cepa de virus, creada mediante la genética inversa, en las células. Al reproducirse las células, también lo hace el virus. Al final la pared externa de la célula se retira, y se cultivan los virus, se purifican y a continuación se neutralizan o se matan. Una vez muertos, pueden inyectarse con seguridad en forma de vacunas en personas o animales, haciendo que los animales o las personas inoculados fabriquen anticuerpos contra este virus «manufacturado». Utilizando este método, el intervalo entre la identificación de una cepa y la producción del primer lote de vacunas puede realizarse en días en vez de meses.

Así que, ¿por qué seguimos dependiendo de los huevos de gallina? La respuesta es que los fabricantes de vacunas, aunque utilizan estas técnicas de manera habitual para otros virus, han sido reacios a cambiar este método de fabricación por las nuevas tecnologías para las vacunas de la gripe debido a que es caro, además de la potencial responsabilidad. Hablando claro, no saben qué efectos secundarios ocurrirán hasta que empiecen a hacer pruebas en personas. Pero el momento para probar una nueva vacuna no es en mitad de una pandemia. Ahora es el momento.

Se requieren más investigaciones para descartar la posibilidad de efectos secundarios. Y después, la FDA debería aprobar la vacuna para uso humano, y todavía no lo ha hecho.

Hay en perspectiva otras técnicas avanzadas interesantes, incluyendo una que tiene como objetivo la proteína M2 de la molécula de la gripe. Debido a que la molécula no cambia, este tipo de vacuna podría aportar inmunidad a todas las gripes (incluyendo la gripe aviar) durante una década, en vez de a una sola gripe durante sólo un año.

El virólogo molecular Mittal Suresh y sus colaboradores en la Universidad de Purdue, en Indiana, están trabajando en un vector adenovirus con fondos del NIAID (Instituto Nacional de Alergias y Enfermedades Infecciosas) estadounidense. Este virus no provoca ninguna enfermedad y puede inyectarse con componentes de la gripe aviar y con suerte aportará la inmunidad.

Y también cabe destacar a José Galarza. En un diminuto laboratorio encaramado en lo alto del río Hudson, Galarza ha estado experimentando con pequeñas partículas de materia genética durante casi diez años. Trabaja con gotas microscópicas de genes, denominadas partículas seudovirales o VLP *(viral-like particles)*, a partir de las cuales fabrica vacunas orales e indoloras de manera más rápida que utilizando los métodos tradicionales. De hecho, Galarza cree que puede controlar sus VLP para eliminar la gripe aviar en animales de laboratorio (y potencialmente en seres humanos) con más rapidez y seguridad que usando las vacunas convencionales.

Al mismo tiempo, el presidente Bush anunció el aprovisionamiento de vacunas y partidas económicas destinadas a nuevas investigaciones, mientras una vacuna similar ya se estaba usando para inocular a millones de aves en el sureste asiático. Esta vacuna estaba lista para ser fabricada en serie debido a que su aplicación en animales no requiere el mismo nivel de esterilidad y previsibilidad necesarias que en las personas. La vacuna es útil en aves para inmunizar posibles contactos aviares de aves infectadas, pero tiene limitaciones.

La matanza selectiva de aves es aún una estrategia más efectiva para erradicar la enfermedad. La vacuna es útil cuando está dirigida a la población aviar, pero no es lo suficientemente poderosa para provocar la inmunidad en todos los casos. La inmunidad parcial podría transformar a víctimas potenciales (aves que morirían y por lo tanto no serían capaces de contagiar la enfermedad) en huéspedes que sobrevivirían y contagiarían el virus.

En seres humanos, una estrategia de inmunización global no tiene sentido, ya que el objetivo es disminuir la tasa de mortalidad y la gravedad de la enfermedad. Si ocurrirra el peor escenario posible, necesitaríamos una vacuna moderna para ser capaces de combatir la pandemia.

Segunda parte

La evolución de la preocupación por la gripe aviar

6

Nuestra cultura del miedo

¿Podemos curar el miedo?

Un día, a principios del año 2004, mi hija Rebecca se estaba bañando. Tenía casi tres años, la edad en que el circuito cerebral completa su instalación del «centro de seguridad» en el córtex prefrontal. Cuando el jacuzzi se puso en marcha, se quedó petrificada. Fui corriendo a su lado y me la encontré allí de pie, con los ojos enrojecidos por el llanto.

Durante varios meses aborreció los baños. Como médico que ha estudiado el miedo, intenté apelar a su nuevo centro cerebral en funcionamiento para suprimir la preocupación de que la bañera emitiera las espantosas burbujas, pero la respuesta innata de su cuerpo era demasiado fuerte. Empezando con duchas y desviando su atención de la bañera, gradualmente fui capaz de hacer que volviera a tomar baños. Pero todavía hoy recela de las burbujas.

¿Por qué el miedo es tan difícil de tratar? ¿Y qué podemos hacer al respecto? La terapia ha supuesto un alivio para muchas personas; otras han confiado en la fuerza que obtienen de su fe u otros tipos de apoyo. Pero en un mundo en el que de manera regular estamos expuestos a sucesos que nos ponen los pelos de punta, como las imágenes a todo color de un terrorista suicida que se cuelan en nuestros salones a través de la televisión, así como los pronósticos amenazadores de la próxima pandemia, ¿es suficiente dicho apoyo verbal? Respondiendo a esa necesidad, entran en escena medicaciones que mitigan el miedo. ¿Podemos (deberíamos) simplemente drogarnos con pastillas para aliviar nuestras ansiedades?

Las raíces del miedo

El miedo es más que un estado mental, es químico. El sentimiento de alarma surge del sistema de circuitos de nuestro cerebro, en los intercambios neuroquímicos entre las células nerviosas. Es una reacción física a una amenaza percibida. Mientras el peligro sea directo y real, el miedo es normal y ayuda a protegernos. También posee un componente genético. Una rata reaccionará al olor de un zorro, aunque haya pasado toda su vida en un laboratorio. De la misma manera, los seres humanos nos sentimos inquietos automáticamente en situaciones que amenazaron a nuestros ancestros.

Cuando una persona se siente amenazada, el metabolismo se acelera anticipándose a una necesidad inminente de defenderse o de huir. El término «lucha o vuela», o la reacción de estrés agudo, fue acuñado por primera vez por Walter Cannon, un fisiólogo americano en la década de 1920. Cannon observó que los animales, incluyendo los seres humanos, reaccionan a los peligros con una descarga hormonal del sistema nervioso. El cuerpo desencadena una constricción de las venas y un aumento de la producción de hormonas que hacen latir con fuerza el corazón, incluyendo la epinefrina, la norepinefrina y los corticosteroides. El corazón se acelera y bombea con más fuerza, los nervios se disparan con más rapidez, la piel se enfría, se pone la carne de gallina, las pupilas se dilatan para ver mejor, y las áreas del cerebro implicadas en iniciar las acciones reciben un mensaje de que es el momento de hacer algo.

En el centro de estos procesos está el núcleo amigdalino, una región del cerebro con forma de almendra. El neurocientífico Joseph E. LeDoux, de la universidad de Nueva York, un pionero en el estudio del ciclo del miedo, describe el núcleo amigdalino como «el eje en el volante del miedo del cerebro». El núcleo amigdalino procesa las emociones primitivas del miedo, el odio, el amor, la valentía y la ira, todas vecinas en el encéfalo profundo que heredamos de los animales que se desarrollaron antes. El núcleo amigdalino funciona junto con otros centros cerebrales que lo alimentan o reaccionan a él. Este eje del miedo siente a través del tálamo (el receptor del cerebro), analiza con el córtex (el asiento del razonamiento cerebral) y recuerda a través del hipocampo (el archivador cerebral).

Según LeDoux, el tálamo sólo necesita 12 milisegundos para procesar los datos sensoriales y las señales del núcleo amigdalino. Denomina a este cerebro emocional la «carretera secundaria». La carretera principal, o el cerebro pensante, necesita entre 30 y 40 milisegundos para procesar lo que está sucediendo. El centro de memoria hipocámpico aporta el contexto. «La gente tiene miedo a lo que no entiende o no puede controlar porque se procesa por la carretera secundaria», afirma LeDoux.

El factor miedo

Una vez una persona ha aprendido a temer algo, quizá siempre sienta temor asociado con esa experiencia. Pero a diferencia de los ratones, los seres humanos también podemos alarmarnos por sucesos sobre los que sólo hemos leído o escuchado, así que quizá nos preocupemos por desastres que nunca hayamos experimentado. Si somos incapaces de reaccionar debido a una falta de un objetivo apropiado, el miedo se acumula y nos volvemos ansiosos.

El ciclo puede autoperpetuarse. Mi hijo de ocho años, Joshua, por ejemplo, ha tenido miedo de los perros desde que se asustó a los dos años por un ladrido repentino que oyó cuando íbamos de excursión por un sendero de montaña. Dije: «El perro se ha ido», pero él respondió: «No, no se ha ido. Sigue viniendo hacia aquí».

Ahora, cada vez que un perro ladra, se reanuda el mismo mecanismo. El tálamo de mi hijo dispara su núcleo amigdalino, que recupera el recuerdo temeroso del hipocampo, y su cuerpo se pone hiperactivo. Se trata de un fallo del sistema de alerta, ya que le advierte de un peligro que en realidad no supone ninguna amenaza para él.

En estudios de cómo los seres humanos evalúan los riesgos, los psicólogos Robert J. y Caroline Blanchard, de la Universidad de Hawai en Manoa, han descubierto que las personas a menudo no sabemos valorar con exactitud el nivel de amenaza. Tendemos a llevarlo demasiado al terreno personal y experimentamos un sentido irreal del peligro en cuanto escuchamos o leemos algún suceso negativo que le ha ocurrido a otra persona.

Por ejemplo, mi suegra padece esclerosis múltiple y lleva confinada en una silla de ruedas casi veinte años. Hace seis, mi cuñado desarrolló una esclerosis múltiple moderada, y mi mujer, que es neuróloga, me confió su temor, prácticamente una convicción, de que ella sería la siguiente. Cada vez que me habla de su percepción de que la esclerosis múltiple es su destino, intento responder con la estadística directa de que sólo el 4% de los familiares cercanos tienen el riesgo de contraer la enfermedad. «Hay un

96% de probabilidades de que no la contraigas,» le digo. Pero para mi mujer, igual que para otras muchas personas, la percepción se queda con ese 4%. La empatía hacia su madre y una tendencia natural a llevarlo todo a un terreno personal crean el miedo y la convicción, a pesar de sus conocimientos de la enfermedad como neuróloga.

El miedo recurrente y continuo posee los mismos efectos perjudiciales sobre el cuerpo humano que correr persistentemente a más de 150 km/h en un coche. El resultado es que muchas enfermedades tienen más posibilidades de surgir, como las enfermedades coronarias, los accidentes cerebrovasculares y la depresión. Sin embargo, no debemos preocuparnos tanto por sucesos extraordinarios o enfermedades exóticas, sino por los factores ordinarios que matan, como los ataques al corazón que se desarrollan como resultado de nuestras incesantes preocupaciones. Consideremos los siguientes datos: en el año 2001 los terroristas mataron a 2.978 personas en Estados Unidos, incluyendo a 5 de carbunco. Ese mismo año, según el CDC (Centro de Control de Enfermedades), la enfermedad coronaria mató a 700.142 personas, el cáncer a 553.768, los accidentes a 101.537, y el suicidio a 30.622. Las personas asesinadas (sin contar las víctimas del 11-S) fueron 17.330.

Las preocupaciones erróneas

En un momento de la historia en que las plagas son bastante raras, la población está controlada por el miedo. En vez de disfrutar de la seguridad que nos proporcionan los avances tecnológicos, nos sentimos inseguros. Las máscaras respiratorias y demás parafernalia para protegernos, de hecho extienden el pánico de manera más efectiva que cualquier agente terrorista que envía un mensaje de que algo está a punto de suceder. Nuestras alertas personales del miedo están encendidas todo el tiempo.

Sentimos el estrés y nos volvemos más propensos a la irritabilidad, al desacuerdo, a la preocupación, al insomnio, a la ansiedad y a la depresión. Tenemos más probabilidades de experimentar dolor en el pecho, falta de aliento, mareos y dolores de cabeza. Estamos más predispuestos a la enfermedad coronaria, al cáncer y a los accidentes cerebrovasculares, nuestros agentes más mortíferos. Preocuparnos por cosas equivocadas nos hace tener más riesgo de padecer las enfermedades que deberían preocuparnos en primer lugar.

La conexión entre el exceso de preocupación y el aumento del riesgo de enfermar no es algo simplemente hipotético. Numerosos estudios han demostrado un vínculo entre el estrés que han padecido los pacientes y el hecho de enfermar. Entre las enfermedades especiales sobre las que las investigaciones han revelado un impacto debido al estrés destacan las siguientes:

- *Cardiopatía, cáncer y enfermedad pulmonar crónica.* Un estudio publicado en el *American Journal of Preventive Medicine* (1998) muestra una estrecha relación entre la ansiedad infantil, que crece en un entorno familiar disfuncional, y múltiples factores de riesgo de causas principales de muerte en adultos, incluyendo cardiopatías, cáncer y enfermedad pulmonar crónica.
- *Enfermedad coronaria.* La Asociación Americana del Corazón cita una investigación en la que se vincula el estrés, el estatus socioeconómico y las conductas de salud con el riesgo de padecer enfermedades coronarias. El estrés puede afectar a la conducta. Por ejemplo, las personas afectadas por el estrés pueden comer más de la cuenta, empezar a fumar o fumar más de lo que lo harían si no estuvieran estresados.
- *Cáncer.* Algunos estudios de mujeres con cáncer de mama han mostrado significativamente tasas más altas de enfermedad entre las que experimentaron sucesos traumáticos en su vida y pérdidas varios años antes del diagnóstico. Aunque los estudios han revelado que los factores de estrés (como la muerte de la pareja, el aislamiento social y los exámenes médicos) alteran la manera en que funciona el sistema inmunológico, no han aportado pruebas científicas de una relación directa de causa-efecto entre estos cambios del sistema inmunológico y el desarrollo de cáncer. Entran en juego muchos factores a la hora de determinar la relación entre el estrés y el cáncer. Ahora mismo, la relación entre el estrés psicológico y la aparición de cáncer, o su progresión, no se ha podido demostrar científicamente.
- *Accidente cerebrovascular.* Un estudio de más de 2.000 hombres de edades comprendidas entre 49 y 64 años publicado en la revista *Stroke* (2002), revelaba que había tres veces más posibilidades de un accidente cerebrovascular mortal en aquellas personas que sufrían depresión o ansiedad.
- *Curación de heridas.* Un estudio australiano publicado en diciembre del 2005 muestra que un aumento del nivel de neuropéptido durante el estrés interrumpe la curación de las heridas. Otro estudio del

Estado de Ohio publicado en la misma época revela que los conflictos conyugales reducen la capacidad de curar las heridas físicas.

- *Salud en general.* Unos estudios en Israel han revelado un efecto acumulativo de terrorismo y el miedo sobre la salud. Los terroristas suicidas en el año 2001 supusieron un impacto en el sentido personal de seguridad en el año 2002. Un estudio publicado en julio de 2004 en la revista *Psychosomatic Medicine* reveló que había unos niveles doblemente elevados de una enzima que tiene relación con la enfermedad coronaria entre las mujeres israelíes que expresaron su miedo al terrorismo que entre las mujeres que no estaban preocupadas.

Nuestra cultura del miedo

En años recientes, el clima del miedo ha cambiado. Estadísticamente, el mundo industrializado nunca había sido más seguro. Muchos de nosotros vivimos más tiempo y con menos incidentes. Sin embargo, tememos el peor escenario posible. A lo largo del pasado siglo hubo grandes avances científicos y tecnológicos, y los americanos hemos reducido drásticamente nuestros riesgos en prácticamente todas las área de la vida, con el resultado de que la esperanza de vida era un 60% más larga en el año 2000 que en el 1900. Los antibióticos han reducido la probabilidad de morir de alguna infección. Era habitual que una persona muriese de un arañazo. Ahora engullimos antibióticos al primer síntoma de algún problema. Las medidas sanitarias dictan niveles recomendables del agua potable y el aire respirable. Nuestra basura se retira rápidamente. Vivimos en una temperatura controlada y llevamos vidas con las enfermedades controladas.

Y sin embargo, nos preocupamos más que nunca anteriormente. Los peligros naturales ya no están ahí, pero el mecanismo de respuesta aún sigue en su sitio, y ahora está encendido la mayor parte del tiempo. Implosionamos, convirtiendo nuestro mecanismo de adaptación del miedo en una respuesta de pánico inadaptada.

Somos bombardeados constantemente por la información. Vivimos con los mordiscos sonoros de la televisión y los mordiscos aún más grandes de internet. La información médica se ha convertido en el motor cotidiano, exagerada por los medios de comunicación y difundida por internet. La esperanza de una salud perfecta está perpetuada por estas fuentes. Ya no se acepta la enfermedad como parte del orden natural de las cosas, y como consumidores estamos aterrorizados por cualquier enfermedad, incluso aunque la mayoría de los médicos pueden diagnosticar la enfermedad y ofrecer una cura o un tratamiento efectivo. Aun así, seguimos preocupándonos.

Nuestros cerebros no están llenos o incitados por el pánico de manera accidental. Desde el 11-S especialmente, el gobierno ha explotado su papel como protector oficial, desde el Homeland Security (Seguridad Nacional) a los CDC (Centro para el Control de las Enfermedades). Los servicios de vigilancia en los aeropuertos y el FBI son supuestamente la última línea de defensa entre Osama Bin Laden y los ciudadanos de Ohio occidental. Cada aviso acerca de una nueva y espantosa enfermedad, cada anuncio de habladurías terroristas, y cada ciudadano mayor muy delicado se convierte en una justificación para el trabajo de algún empleado del gobierno, desde una investigación científica hasta el presidente Bush mismo. Los representantes y políticos del gobierno emplean el megáfono de los medios de comunicación para fomentar la idea de que mantienen a la población a salvo. Desgraciadamente, no hay pruebas de que las continuas alertas de terror tengan relación con el riesgo real de un ataque potencial.

Después de un tiempo, la población se insensibiliza y no sabe diferenciar una alerta real de la última habladuría. Por ejemplo, fomentar el peor escenario posible con armas biológicas o químicas que fácilmente pueden volar por los aires o ser destruidas por el calor es una forma de propaganda que hace que la gente se asuste y esté dispuesta a acatar los planes del gobierno. Resulta engañoso llamar al gas nervioso o al carbunco armas de destrucción masiva, ya que son herramientas que lo más seguro es que los terroristas las utilizasen a pequeña escala. Sería extremadamente difícil utilizar agentes químicos o biológicos en grandes cantidades de víctimas potenciales a la vez. Si aparecieran aviones zumbando y sembrando el aire, lo más probable es que fueran abatidos antes de que pudieran llevar a cabo sus tareas.

Por supuesto, los representantes del gobierno no pueden aprovecharse del megáfono de los medios de comunicación si éstos no lo permiten. Los medios tienden a magnificar la última preocupación sobre la salud y a retransmitirla a millones de personas a la vez. Esto tiene el efecto de magnificar un tema a gran escala y provocar el pánico de manera desproporcionada a los riesgos reales. Denomino este fenómeno el «virus del día». El último grito del momento parece una amenaza para nuestra seguridad personal hasta que sigue su curso a través de la atención de los medios de comunicación. Y cuando se presenta con fuerza una nueva amenaza, las empresas privadas aprovechan lo que van diciendo los medios y hacen cola para obtener beneficios.

¿Por qué nos hemos vuelto tan indefensos?

Cuando se puso de moda la enfermedad de Lyme, una bacteria molesta que se transmite a seres humanos a través de la mordedura de una garrapata, hace diez años, uno de mis pacientes más racionales, un profesor de matemáticas, estaba seguro de que la había contraído cada vez que le salía un sarpullido, incluso cuando vivía en Los Ángeles, una ciudad sin ninguna garrapata.

«Las probabilidades de que usted la haya contraído son casi inexistentes», le aseguré.

«Olvídese de las probabilidades, puedo sentir la enfermedad», dijo en más de una ocasión.

Diez años más tarde, la enfermedad de Lyme sigue creciendo, pero los medios no se hacen eco de ella, y este paciente (que para entonces ya se había trasladado a Connecticut, un lugar lleno de garrapatas) ya no se preocupa por la ahora extendida enfermedad de Lyme, sino que en vez de eso se preocupa por el bioterrorismo. Al igual que entendía las probabilidades y las ecuaciones, cuando ponía las noticias a menudo personalizaba el último riesgo del que hablaban y se preocupaba porque creía que podía morir.

Igual que mi paciente profesor, absorbemos el sentido de urgencia y creemos que estamos en peligro. Estamos tan ocupados con las falsas amenazas que ignoramos las auténticas. Con más de 8 millones de casos de tuberculosis cada año en el mundo, 5 millones de nuevos casos de SIDA, más de 300 millones de casos de malaria, y más de 1 millón de muertos debidos a cada una de estas enfermedades, los americanos rara vez nos preocupamos por ellas. En Estados Unidos, aproximadamente 40.000 personas mueren de gripe cada año, una estadística que pasó desapercibida hasta el año 2003, cuando entró en la rueda de lo que se pone de moda. En el año 2000, 63.000 americanos murieron de neumonía y 15.000 murieron de SIDA. Esta información se quedó fuera de las noticias. En comparación con los virus que realmente nos matan, sólo 284 personas murieron aquí del virus del Nilo Occidental en el año 2002, cuando se le dio cobertura en los medios y se percibió como una gran amenaza.

En el año 2003, cuando llegó la neumonía asiática (SARS) y casi se convirtió en sinónimo de la palabra «virus», sólo hubo 7.000 casos en el mundo, y menos de 100 en Estados Unidos. Nadie murió en Estados Unidos de la neumonía asiática, pero mucha gente se preocupó innecesariamente. Muchos pacientes me llamaron en la primavera del año 2003 convencidos de que la más ligera tos que tenían se trataba de neumonía asiática. La gente temía sentarse al lado de una persona asiática o comer en un restaurante chino. Nuestro sistema de sanidad pública, concretamente la Organización Mundial de la Salud y el CDC en Estados Unidos, coordinaron la respuesta de los medios para ayudar a contener la neumonía asiática, haciendo entrar en cuarentena a Canadá y buena parte de Asia, y finalmente llevándose el mérito cuando la neumonía asiática remitió. De hecho, no hubo ninguna evidencia directa de que las alertas de viaje masivas acabasen con la neumonía asiática tanto como factores demostrados históricamente, como aislar a las personas que tenían la enfermedad, así como la llegada del verano, una época tradicionalmente difícil para que se desarrollen los virus respiratorios. Aun así, la percepción pública era que la neumonía asiática había pasado de ser de la noche a la mañana una amenaza mundial en la primavera del año 2003 a no ser ya ninguna amenaza en absoluto en junio. Nos preparamos para el siguiente virus del día y nos olvidamos de la neumonía asiática.

En verano del 2003, experimentamos un alivio temporal: el virus del Nilo Occidental no reapareció en nuestras pantallas ese verano y apenas había nadie que estuviese asustado por si la siguiente picadura de un mosquito sería la última.

Muchos de los virus del día son motivo de preocupación únicamente entre un pequeño segmento de la población. Sólo una pequeña porción de las personas que creen estar en riesgo realmente lo están, y pocas personas que se infectan acaban muriendo. Pero una extraña enfermedad que mata sólo a unas cuantas personas sigue proporcionando buenos titulares si la historia se hincha de manera estratégica. Muchas de las personas que transmiten noticias utilizan la frase: «¿Están en riesgo usted y su familia?».

La respuesta suele ser que no, pero ese enunciado genera preocupación en cada televidente, y esto es lo que hace que la gente siga sintonizando ese canal. Si no entendiéramos intrínsecamente el riesgo, probablemente no miraríamos esas noticias.

Cada alerta de terror es como otro virus del día. Hablamos del gas sarín que mató sólo a 12 personas en un metro en Japón en 1995, pero hizo que miles de personas fueran presas del pánico, y también podemos asustarnos nosotros aquí sin tener siquiera un solo caso. El carbunco infectó a 22 personas a través del correo estadounidense en otoño del año 2001, y mató a cinco desgraciadas personas, y, sin embargo, había 30.000 personas más tomando el antibiótico ciprofloxavino, muchas de manera indiscriminada y sin receta médica. Resulta difícil creer que no haya habido un solo caso de viruela en Estados Unidos desde la década de 1940, teniendo en cuenta toda la atención que ha recibido. Si vuelve a estar otra vez presente entre la población, lo más probable es que se extienda con lentitud, mediante gotitas al respirar.

Mientras tanto, en el año 2002, el miedo a la viruela se extendió de manera mucho más virulenta entre el público, transmitiéndose a través del método boca-oreja. En otoño del 2004, la repentina escasez de vacunas para la gripe en Estados Unidos condujo a que la gente fuese en estampida en busca del elixir codiciado. Durante esta escasez de vacunas, multitudes de gente sana se convencieron de que la gripe les superaría y morirían en cualquier momento. De hecho, la primera muerte relacionada con la gripe ese año no provino de la enfermedad, sino de una mujer anciana que se cayó mientras esperaba la vacuna entre una multitud de gente. Escribí un artículo en el *New York Post* señalando que el CDC había determinado que la vacuna no había ayudado mucho el año anterior, sólo fue efectiva entre un 40 y un 60%, y estaba dirigida básicamente a grupos de alto riesgo. Mi mensaje era éste: la vacuna de la gripe no es la panacea de la salud que creemos que es, sin ella no estamos en un grave peligro, y la repentina atención que está recibiendo ha provocado que la gente tenga un sentido de urgencia desproporcionado con respecto al peligro real.

Pensé que había conseguido algo hasta que empecé a recibir llamadas telefónicas de pacientes que habían leído mi artículo. Casi como por si acaso, había mencionado que tenía 5 viales, o 50 dosis, para darles a mis pacientes más enfermos.

«Leí su artículo», empezó una de esas llamadas.

«¿Está usted tranquilo?»

El paciente me ignoró. «Creo que tiene alguna vacuna. ¿Puede darme una inyección?»

En vez de preocuparse menos después de enterarse de los hechos, cada paciente quería ser uno de los 50 afortunados y me llamaban suplicándome una dosis.

Reeducar al público en lo que respecta al pánico iba a requerir más esfuerzo que un artículo informativo que, sin quererlo, ayudó a fomentar las habladurías. El año anterior, las muertes de unos cuantos niños a causa de la gripe en Colorado generaron instantáneamente el pánico en todo el país antes de caerse del radar de las noticias. Y sin embargo, ambos años, a pesar de toda la preocupación, resultaron ser años de gripe no epidémicos.

Cuando los medios de comunicación o el Gobierno se centran en el virus del día, todos lo sentimos como si fuera un peligro palpable. Cuando la atención de los medios se desvía hacia otra parte, el miedo manifiesto se desvanece pero permanece bajo la superficie, esperando atacar en cuanto surja el próximo objetivo de las habladurías. En un momento de la historia en que no hay auténticas plagas, la población está controlada a través del miedo. En vez de disfrutar de la seguridad que nuestros avances tecnológicos nos aportan, nos sentimos inseguros. Nuestras alertas del miedo personales están constantemente encendidas. El miedo no es algo intrínsecamente patológico; es una reacción a la patología de nuestros tiempos. El estrés hace que estemos más predispuestos a la irritabilidad, la ansiedad y la depresión, y es más probable que experimentemos síntomas físicos como dolor en el pecho, falta de aire, mareos y dolores de cabeza.

Después de varias semanas sin que nos dispare un francotirador, nos pique un mosquito que transmita el virus del Nilo Occidental, nos gaseen con sarín o nos infectemos con la neumonía asiática, la gente acaba por insensibilizarse. A cada nueva fase de histeria le sigue un breve período en el que bajamos la guardia.

Pero ¿quién puede contar con una persona asustada de cara a recibir información fiable y tranquilidad?

Los profesores absorben los mismos fragmentos de información que los estudiantes, y refuerzan el sentido del miedo de éstos. Los pacientes temen ponerse enfermos, temen el comienzo del sufrimiento y, sin embargo, los médicos se especializan en tratar, y están enseñados para ello, enfermedades específicas, más que al paciente como un todo.

Los pacientes revolotean en torno a la mesa médica de la enfermera mientras van llegando a través del fax sus diagnósticos. Las pastillas son mejores, la cirugía es mejor, y las técnicas de rehabilitación son mejores, pero estos desarrollos positivos no son suficientes para contrarrestar los resultados de las pruebas.

Esperar una vida libre de problemas

La doctora Rachel Yehuda, una experta en estrés postraumático, dijo que pensaba que luchamos como una sociedad hoy en día porque creemos que podemos vivir una vida libre de traumas. Preguntamos: «¿Por qué yo?», mientras que «en una generación anterior, nadie tenía la esperanza de que algo no fuera a sucederles; en esos días la pregunta era: "¿Por qué no yo?". Previamente, nadie pensaba que estar expuesto a un trauma fuera lo inusual».

«El estrés postraumático es un desajuste entre cómo consideramos que debería ser el mundo y cómo es en realidad. No estamos preparados. En una cultura en la que esperamos que la gente nos odie, tenemos en cuenta ese sentimiento mucho más tiempo. En Europa, por ejemplo, los judíos siempre pensaron que un cierto porcentaje no sobreviviría debido al antisemitismo. Había una menor esperanza de llevar una vida pacífica, por lo que el trauma de la amenaza lo era menos.»

La doctora Yehuda también indicó que muchos de nuestros científicos y aquellas personas que nos informan nos perjudican, ya que dramatizan demasiado sus preocupaciones. Esta grandiosidad es parte de lo que provoca que el público perciba riesgos de manera exagerada. «Los científicos no podemos tolerar ser una simple pieza del mecanismo. La tecnología nos permite observar cosas que nunca antes pudimos, pero necesitamos aprender a sentirnos excitados por lo que hacemos sin contar historias prematuras. Podemos alarmar a la gente innecesariamente y luego nos quedamos atrapados con nuestra historia, para bien o para mal.»

Valorar el riesgo

Necesitamos aprender a ver el riesgo en perspectiva, sin reaccionar de manera exagerada a peligros imaginarios. Desgraciadamente, no existe un consenso acerca de lo que constituye la valoración debida del riesgo o la mejor manera de conseguirlo. No hay acuerdo acerca de quién es un experto en riesgos, y algunos autores no confían en absoluto en los llamados expertos debido a sus intereses ocultos.

Publicado en el año 2002, el libro *Risk* (*Riesgo*), de David Ropeik y George Gray, es una guía práctica que intenta hacer frente a la histeria provocada por informes de la sanidad pública inexactos. Estos autores creen que «vivimos en un mundo peligroso y, sin embargo, es un mundo mucho más seguro en muchos aspectos de lo que nunca lo ha sido. La esperanza de vida va en aumento; la mortalidad infantil está bajando; las enfermedades que sólo recientemente suponían una mortandad masiva han sido prácticamente erradicadas. Los avances en la sanidad pública, la medicina, la regulación medioambiental, la seguridad alimentaria y la protección laboral han reducido drásticamente muchos de los principales riesgos con los que nos enfrentábamos hace sólo unas décadas.»

Ropeik y Gray desarrollaron un medidor de riesgos, una manera de convertir la incertidumbre en un riesgo calculable. Este medidor de riesgos calcula la probabilidad de la exposición a un peligro potencial, así como las consecuencias si somos una de las desafortunadas víctimas. La lista de riesgos es extensa. Accidentes, alcohol, tabaco y obesidad están en los primeros puestos en términos tanto de predominio como de gravedad del resultado. En el otro extremo del espectro, las vacunas se consideran en esencia seguras, la fiebre de las vacas locas es demasiado rara en seres humanos como para ser un factor que tener en cuenta, el mercurio realmente no afecta a la mayoría de la gente, y los pesticidas tienen un impacto mínimo.

Risk intenta reorientar al lector. Los autores querían desmitificar los peligros. Su objetivo era hacer que la gente no esté tan pendiente de las habladurías y descontaminarnos de malentendidos previos. Pero Cass Sunstein, un profesor de Derecho en la Universidad de Chicago, desconfía de las autoridades que se dirigen a nosotros con una actitud de «sabemos qué es lo mejor para vosotros». En 2002, Sunstein publicó el libro *Risk and Reason* (*Riesgo y razón*), en el que sugería que no es el experto ni el representante de la sanidad, sino el defensor de los populistas y consumidores, quien generalmente tiene más en consideración nuestros mejores intereses. Sunstein desconfía de los medidores del miedo de Ropeik y Gray porque los considera simplistas y demasiado fácilmente politizables, prefiriendo el juicio de los mismos defensores de los consumidores que Ropeik y Gray podría considerar inexacto.

Según Sunstein, «los populistas insisten en que la misma caracterización de los riesgos implica que no hay un simple "hecho"... En la visión del populista... cualquier juicio acerca del riesgo es subjetivo... para los populistas, las intuiciones ordinarias poseen una fuerza normativa».

Igual que Ropeik y Gray, Sunstein también observó que la información acerca de los riesgos se distorsionaba con facilidad, pero a diferencia de los autores de *Risk,* Sunstein generalmente culpaba al gobierno. Escribió: «Los representantes públicos saben que se les castigaría severamente si le quitaran importancia a un riesgo que se percibe como grave o si llamasen la atención sobre un peligro que se percibe como trivial... para evitar cargos de insensibilidad... él (el representante público) puede que haga declaraciones y fomente políticas que transmitan una profunda preocupación acerca del enorme desperdicio que de hecho considera inocuo».

El político efectivo sabe capear el temporal de un peligro creado al siguiente: «De este modo, la gente puede que tenga miedo, durante un tiempo, de algún riesgo (ataques de tiburones, viajar en avión después de un desastre) que no produzca ningún tipo de preocupación después de algunos meses».

En el libro publicado el año 2002 *Risk Communication* (*Comunicación del riesgo*), los doctores Granger Morgan, Baruch Fischhoff y sus coautores sugirieron la necesidad de integrar las creencias comunes con los hechos acerca del riesgo. En apariencia, este libro parece ser un intento de juntar los hechos de Ropeik y Gray con la intuición pública de Sunstein. La gente que nos informa necesita considerar «cómo el público piensa de manera intuitiva sobre los riesgos y... qué aspectos de la literatura científica le importan de hecho al público. Entonces esos temas deben presentarse de una manera equilibrada, creíble y exhaustiva».

Si esta declaración parece idealista es porque confía en un jurado libre de prioridades con expertos preocupados por el público. Pero aprender a valorar los riesgos no significa simplemente encontrar al experto adecuado a quien escuchar. También tenemos que asumir responsabilidades para nuestros propios medidores de miedos. Tal y como escribió Bruce Schneier, un experto en seguridad mundial, en su libro *Beyond Fear* (*Más allá del miedo*), «Cuando se vive con el miedo, resulta fácil dejar que otros tomen las decisiones por nosotros... Para ir más allá del miedo, hemos de empezar a pensar de manera inteligente acerca de las compensaciones que hacemos. Hemos de empezar a evaluar los riesgos a los que nos enfrentamos».

Asumir responsabilidades para nuestro propio medidor del miedo significa a veces hacer caso omiso de las declaraciones públicas de los riesgos, mientras que en otras ocasiones las hemos de aceptar. Pero Schneier estaba preocupado porque fácilmente podemos darle nuestra libertad a una autoridad que promete manejar nuestra valoración de los riesgos pero que al final no nos hace sentir más seguros, en parte porque esta autoridad quizá tienda a magnificar las amenazas. Al igual que Sunstein, Shneier no se fiaba de los típicos expertos y representantes que nos aconsejan o nos protegen.

Schneier escribió: «Se nos dice que estamos más que nunca en grave peligro, y que debemos cambiar nuestras vidas de manera drástica e incómoda para poder estar seguros. Se nos dice que debemos sacrificar la privacidad y el anonimato y aceptar restricciones en nuestras acciones. Se nos dice que la policía necesita nuevos poderes de investigación de largo alcance, que se han de aumentar las capacidades de espionaje doméstico y que debemos espiarnos unos a otros... Pero la realidad es que la mayoría de los cambios que nos piden que aguantemos no darán como resultado una buena seguridad... Incluso en los peores vecindarios, la mayoría de la gente está segura.

»Es difícil encontrar un terrorista, un secuestrador, un atracador de bancos, porque simplemente no hay tantos en nuestra sociedad.»

Todos los autores que he citado aquí sólo tienen razón en parte. No podemos confiar en nuestros expertos en riesgos, ya que sus hechos están amplificados por el gobierno, los medios de comunicación y los defensores públicos, y cada uno de ellos depende de diferentes directrices. Pero esto no significa que podamos confiar automáticamente en nuestra institución que, como escribió Gavin de Becker, autor de *The Gift of Fear* (*El regalo del miedo*), a menudo está «mal informada». Cualquier resolución de esta dicotomía entre expertos mal informados y una intuición equivocada debe implicar un reciclaje para saber reconocer el peligro.

Encontrar cosas para temer

El 24 de septiembre de 2003, Anne Applebaum abordó el tema americano del miedo en una columna titulada «Finding Things To Fear» («Encontrar cosas para temer») en el *Washington Post*. Ella también argumentaba en contra de la sabiduría de nuestra intuición no escolarizada.

Describió cómo hemos calculado mal los riesgos en el mundo después del 11-S debido a nuestra continua ansiedad. «Después del 11 de septiembre de 2001, miles de personas en este país abjuraron de los aviones y empezaron a ir en coche, creyendo aparentemente que los coches son más seguros. De hecho, el número de muertes en las carreteras estadounidenses en un año típico (más de 40.000) es más del doble que el número de personas que han muerto en todos los accidentes de vuelos comerciales en los últimos 40 años. Para decirlo de otra manera, las posibilidades de morir en un ataque terrorista en el año 2002 eran de 1 entre 9 millones. En el mismo año, las probabilidades de morir en un accidente de tráfico eran más o menos de 1 entre 7.000. Tomando la precaución de no volar, mucha gente murió.»

De hecho, estamos mucho más seguros en América, pero tenemos más miedo. Tenemos miles de artilugios de seguridad, incluyendo detectores de humo, interruptores de circuitos y airbags. Estamos protegidos contra los contratiempos diarios de toda clase. Y aun así, si nuestros miedos no son reales, nos los inventamos. El flujo de información sobre riesgos ha aumentado constantemente durante el mismo período de tiempo que hemos incrementado la seguridad. Los representantes gubernamentales, los científicos, los anunciantes y los medios de comunicación utilizan el riesgo como una manera de atraer la atención. Tendemos a creer a la gente que nos dice que estamos en peligro, pero cuando un aviso del tipo alarma naranja demuestra ser una falacia, nos cuesta perder la fe en la autoridad que nos ha avisado. Se necesitan varias falsas alarmas antes de que empecemos a cuestionarnos una fuente de información. Para entonces a menudo ya es demasiado tarde, ya que nuestro mecanismo del miedo ya se ha disparado.

Recientemente, este mecanismo se ha disparado claramente por las predicciones y los informes de la pandemia de la gripe aviar.

Conquistar el miedo

Durante años, he intentado ayudar a la gente a controlar sus temores a las enfermedades sin saber si tengo éxito o no. Al estudiar los circuitos cerebrales del miedo, he acabado por apreciar que enseñar quizá no lleve automáticamente a aprender. El miedo es una emoción muy arraigada y difícil de controlar por el cerebro. A veces no se puede evitar que se dispare. La experiencia de mi hija con el *jacuzzi* me enseñó que si se desaprende el miedo es porque lo reemplaza una nueva emoción. (Ella desarrolló el valor para poder volver a la bañera.) Esta curación tiene lugar a su propio ritmo, y un padre o un médico a menudo tienen muy poco control sobre él.

Para conquistar el miedo debemos devolverlo a su lugar primitivo, como un instinto reservado para protegernos de los peligros físicos auténticos. Debemos parar de personalizarlo demasiado. Tenemos que resistirnos a aquellas personas, en los medios de comunicación y en todas partes, que destacan los peligros equivocados y exageran la necesidad de reaccionar, haciendo que la amenaza parezca aún más real. Debemos recuperar nuestra situación personal, con períodos de sueño regular, comidas regulares, ocio regular, ejercicio regular y trabajo regular. Tenemos que reemplazar nuestros miedos irreales con valor real.

Consejos para curar el miedo

Aprendí cómo vencer al miedo de un paciente, Joel Enrand. Enrand tenía un terror acérrimo a perderlo todo (salud, trabajo, familia), y eso le llevó a una depresión, ganó peso, le subió el colesterol y aumentó su presión arterial. Y lo que es más, tenía ataques en mitad de la noche que le impedían dormir y le paralizaban de miedo; estaba preocupado por si se volvería loco. «Usted no está loco», le tranquilicé. Entonces los diminutos músculos alrededor de sus ojos se relajaron. Enrand pronto se embarcó en un programa diseñado por él mismo, con la voluntad de correr unos cinco kilómetros al día antes de empezar a trabajar, comer a horas regulares y limitarse a fumar dos cigarros a la semana como «su único vicio». Después de seis meses se sentó, aliviado, en mi oficina. Al verlo de esta manera, supe que recomendaría esta «receta» a otros pacientes con una crisis vital o que padecían temores de riesgos improbables como la gripe aviar.

«He recuperado mi valor», dijo Enrand. «Me ocurrían cosas. Me agarraba a las preocupaciones. Podía sentirlo, como si fuera real. Me atrapaba y crecía en mí.»

«Pero ¿lo combatía?»

«Me limitaba a seguir mis rutinas, mis rituales; reemplazaron mis dudas poco a poco. Cuando vi que estaba recuperando mi vida, empecé a disfrutar de las rutinas», dijo Enrand dudando. «Pero lo más importante –afirmó– es que siempre quise ser padre y quería a mi hijo más que a nada, y sabía que era responsable de él. Me necesitaba y saqué fuerzas para no tener que alejarme de él».

7

Neumonía asiática

La gripe aviar no es el primer virus respiratorio de Asia que llama la atención pública mundial llenando titulares en los años recientes. Cuando en abril del 2001 surgió la neumonía asiática para apoderarse del megáfono de los medios de comunicación, marcó la norma por la que deben ser medidas todas las pandemias posmodernas que son una falsa alarma.

La neumonía asiática (del inglés SARS, *Severe Acute Respiratory Syndrome*, síndrome respiratorio agudo grave) elevó el pánico sobre una posible infección a un nuevo nivel. La alerta sanitaria global y los consejos sobre los viajes que se suponía que debían inhibir la difusión del virus (y posiblemente lo hubieran hecho bajo las circunstancias adecuadas) también extendieron el miedo virulento mediante el método del boca-oreja en esta circunstancia. Las autoridades sanitarias aumentaron las apuestas y luego, presuntamente, se pusieron la medalla por la resolución del problema. El gobierno se hizo eco de su preparación, queriendo parecer proactivo de cara a otra situación de pánico público, cuando en realidad estaba siendo reactivo. El CDC (Centro de Control de Enfermedades) estadounidense, que había perdido la credibilidad con su chapuza con el miedo creado acerca del carbunco en octubre del 2001, recuperó parte de esa confianza con la neumonía asiática y, en respuesta al virus, puso en cuarentena zonas enteras del planeta por una enfermedad que dio lugar a 7.000 casos en todo el mundo. El CDC y la Organización Mundial de la Salud (OMS) usaban el miedo para provocar sumisión, describían las peores situaciones posibles y las mutaciones virales, y alarmaron a todo el hemisferio occidental con unos cuantos casos que ocurrieron en un hotel de Toronto.

Pero nadie murió de la neumonía asiática en Estados Unidos en el año 2003, y la gente al final se cansó de ese tema. El CDC y la OMS habían restringido los vuelos hacia y desde Asia y Toronto, basándose en la asunción de que el transporte aéreo de viajeros podría facilitar que un contagio emergente se extendiera con más facilidad. Esta teoría no fue demostrada, ni rebatida, aunque sin duda sonaba convincente en una situación de pánico mundial. Pero de hecho, históricamente, aislar a un paciente aquejado por la enfermedad siempre ha sido mucho más efectivo que poner a una región entera en cuarentena. Este principio ha resultado positivo en caso de plaga, gripe y muchas otras amenazas contagiosas. La gente, al entrar en pánico debido a una cuarentena impuesta, puede contagiar un virus. Es de humanos escapar cuando se percibe un riesgo y es de humanos cometer errores cuando nos vemos comprometidos en una actividad sobredimensionada y muy observada. La gente que se enfrenta a fuertes estigmatizaciones por ser sospechosa de ser portadora de una enfermedad tiene bastantes probabilidades de perder su sentido común.

Sin embargo, cuando la incidencia de la neumonía asiática remitió (como pasó antes con muchos virus emergentes), las autoridades sanitarias se apuntaron rápidamente el tanto haciéndolo público a nivel mundial.

La reanimación

A principios de abril del año 2003, el presidente Bush garantizó a Tommy Thompson, Secretario de Servicios Humanos y Sanitarios, el derecho a la cuarentena para la neumonía asiática, dando de este modo un impulso a la tendencia que estaba extendiendo el pánico por todo el planeta.

En sus más de 50 años de existencia, la OMS nunca había emitido antes un anuncio público a nivel mundial o decretado una red de vigilancia global, como ocurrió con la neumonía asiática. Mientras tanto, en Estados Unidos, el CDC estaba analizando públicamente cada caso imaginable (otra reacción sin precedentes). La neumonía asiática era una preocupación legítima, y los anuncios públicos a nivel mundial sin duda tienen un papel a la hora de intentar contener la enfermedad, pero la reacción estaba siendo llevada al extremo. En abril, el virus había infectado a unas 2.000 personas en todo el mundo y matado a menos de 100, en comparación con la gripe normal anual que causa una tasa de mortalidad de unas 36.000 personas sólo en Estados Unidos.

¿Qué estaba pasando desde el punto de vista médico? La respuesta era compleja, ya que el coronavirus de la neumonía asiática era primo del resfriado común, que se contagia fácilmente a través de estornudos o incluso mediante el tacto. Pero mientras que el resfriado es combatido por el sistema inmunitario de la mayoría de las personas, la neumonía asiática era nueva, por lo que nuestros cuerpos aún no habían tenido tiempo de crear los anticuerpos necesarios.

En apariencia, parecía justificado tomar una iniciativa pública de algún tipo por parte de las autoridades sanitarias.

Como señaló Julie Gerberding, directora del CDC, en el *New England Journal of Medicine*, la cooperación de la comunidad científica internacional a la hora de identificar el coronavirus como el culpable en cuestión de semanas fue muy impresionante. Pero Gerberding no se detuvo en los científicos. Escribió: «Aún más impresionante que la velocidad del descubrimiento científico del brote global de la neumonía asiática es el casi instantáneo intercambio de comunicación e información que ha apoyado cada aspecto de la reacción».

Pero esto resultó problemático. En buena parte, el resultado de toda esta comunicación fue el pánico global y la suspensión de gran parte de la actividad económica mundial, que parecían totalmente desproporcionados en comparación con la amenaza real. El sistema de comunicaciones de hoy día ciertamente podría desempeñar un importante papel en identificar y contener una enfermedad emergente. La presión de la OMS sobre las autoridades sanitarias de China para que dejaran de mirar a otro lado, identificasen a los pacientes y aislaran los casos auténticos fue impresionante. Pero más allá del método históricamente probado de aislar a los pacientes infectados, resultaba difícil decir hasta qué punto los viajes aéreos y la movilidad para las personas (y sus enfermedades) aceleraron la orden para el embargo regional. Era un tema a tener en cuenta, pero no era una justificación automática para un secuestro a nivel planetario.

El CDC parecía estar totalmente recuperado de la fustigación pública que había recibido por el tema del carbunco en el año 2001. Ahora tenía un nuevo rostro, con Gerberding como nueva directora dando discursos y conferencias de prensa a un ritmo sin precedentes. La neumonía asiática era el nuevo «virus del día novato» internacional, con más noticias y cobertura por parte de los medios de comunicación de las que habían tenido cualesquiera de sus predecesores. La OMS, que nunca se había involucrado hasta ese punto en estrategias de seguimiento globales, estaba interviniendo mucho; en parte, debido a una mejor tecnología, una mayor cooperación científica y más interés en seguir la pista a los agentes infecciosos debido a la preocupación por el posible bioterrorismo.

Pero ninguna organización estaba realmente acostumbrada a permanecer bajo los focos de la luz pública, y no consideraban lo suficiente cómo iban a ser percibidas sus reacciones por un público frágil. Hubo demasiado énfasis en las declaraciones públicas y no tanto en las pruebas de serología y en las estrategias antivirales. La neumonía asiática necesitaba ser curada mediante el trabajo de laboratorio, no con conferencias de prensa. El pánico debido a la neumonía asiática provocó que la sanidad pública enloqueciera. Toda la actitud pública sacó la neumonía asiática fuera de su debido contexto y contribuyó a crear un temor que finalmente hizo más daño que el propio virus.

Al centrarse sólo en la peor de las situaciones posibles teniendo en cuenta la expansión de la neumonía asiática, la OMS y el CDC estaban, en efecto, controlando a la población mediante el miedo. Esto ayudó a extender los estragos económicos en todo el mundo; se estima que la neumonía asiática costó más de 30.000 millones de dólares a las economías locales de todo el mundo. Toronto fue aislada por la OMS por el tema de los vuelos durante buena parte de abril del año 2003. Los barrios chinos fueron abandonados en las principales ciudades y la gente de todo el mundo estigmatizaba a cualquiera que viniera de un país asiático.

En contraste con el resto de Asia, el cuidadoso y silencioso aislamiento de pacientes sospechosos en Vietnam pareció constituir el éxito de este país a la hora de limitar el contagio del virus. Poner en cuarentena hospitales donde la neumonía asiática se había contagiado a miembros del personal sanitario, o designar ciertos centros como «hospitales de la neumonía asiática» estaba en el límite máximo de lo que parecía razonable. El control del tráfico de países en el que la neumonía asiática había sido diagnosticada, o hacer énfasis en precauciones cuidadosas en dichos países, también era razonable, pero no era lo mismo que asustar a todo el que había viajado allí o quería hacerlo.

El problema con la información del SIDA en la década de 1980 había sido el tipo de distorsión opuesto: se marginaba a grupos afectados, y la retórica imperante había minimizado la enfermedad.

Con la neumonía asiática, la propaganda era el miedo, se sugería que cualquiera podía contraerla de la noche a la mañana, lo que distaba mucho de ser el caso. Esta idea tuvo un impacto negativo en mucha gente. El médico y ensayista Abraham Verghese atacó, en el *New York Times Magazine*, la publicidad que se había dado a la preparación del terror biológico, y que ninguna de estas medidas se aplicara a la neumonía asiática. Sin duda, la restricción de movimientos era necesaria con un agente mortífero conocido, pero con la neumonía asiática, la gente estuvo bajo restricciones a lo largo de la primavera del año 2003 simplemente por tener tos. Muchas compañías de seguros no garantizaban una póliza a una persona si había estado en cualquier lugar cerca de Asia en el último mes. Fue una reacción totalmente desproporcionada.

Tenía que haberse hecho una distinción entre la necesidad de un control global del virus antes de que se fuese de las manos y la reacción política de quienes querían justificar sus empleos y presentarse ante la opibión pública como adivinos. La maquinaria para la emisión pública que se había preparado para la prevención del terror biológico se estaba utilizando indiscriminadamente en el caso de la neumonía asiática. El hecho de hablar incesantemente en televisión sobre la neumonía asiática era evidente que no podría evitar su contagio.

Galvanizar el miedo

El mayor problema con la neumonía asiática era que las autoridades sanitarias estaban hablando sólo en términos de las peores situaciones posibles, a la vez que se esforzaban en comprometerse con recursos masivos para sus agendas. Si nos dirigimos a personas que se consideran las más vulnerables en cuanto a cuidados sanitarios y enfermedades, resulta más fácil hacer que sigan un programa pensado en su propio bien. Esto es exactamente lo que los representantes del gobierno hacen con el terror biológico para conseguir el apoyo público para sus programas contra el terrorismo. Si hacemos que la gente tenga miedo y que crea que necesita que la protejan, nos darán carta blanca para nuestros planes.

En cuanto a la neumonía asiática, el miedo era el patógeno central, en el que el riesgo real de adquirir el nuevo virus mutado del resfriado era mucho menor que el miedo de ser infectado. La incertidumbre acerca de qué riesgo había en realidad fomentó el pánico, ya que ver la neumonía asiática en las noticias provocó que lo personalizáramos. Sabíamos que provenía de un animal exótico en Asia, pero no estábamos seguros de cuál, lo que hizo que nos asustáramos aún más. Las noticias de la televisión hicieron que la neumonía asiática pareciera siniestra e inminente, lo que provocó que todos nosotros personalizáramos el riesgo.

En realidad, la neumonía asiática era un virus del resfriado de la variedad que se encuentra en un jardín, nada exótico, ni siniestro. Resultaba preocupante considerar que toda esta atención dedicada a la neumonía asiática hacía que se desviara de la gripe y otros agentes mortíferos demostrados. En todo el mundo, la malaria, el dengue y el SIDA han infectado a millones de personas cada año y para las que las medidas de protección han sido lamentablemente inadecuadas.

Mientras tanto, en Estados Unidos, el pánico generado por la neumonía asiática reemplazó al pánico hacia el terror biológico, que a su vez reemplazó el pánico por el virus del Nilo Occidental. Toda esta reacción suponía que se restaban recursos de las epidemias anuales y se destinaban a combatir el último miedo. Ciertamente, había algunos aspectos molestos en la neumonía asiática. Potencialmente era una infección que podía amenazar la vida y para la que no teníamos ninguna inmunidad. Y para la neumonía asiática no teníamos ninguna vacuna disponible, aunque sí la tuvimos para la gripe. Pero muchos de nuestros representantes sanitarios fueron directamente a considerar la peor situación posible y no tuvieron en cuenta que la neumonía asiática podría desaparecer.

La pregunta principal en las consultas de los médicos a lo largo del mes de abril de 2003 era qué debía hacer la gente para protegerse contra la neumonía asiática. La respuesta, por supuesto, era no hacer absolutamente nada. La mejor vacuna para la neumonía asiática era la información, ver la nueva enfermedad en su contexto. Por entonces sólo había 35 casos documentados en Estados Unidos, y nadie había muerto. Teníamos que tratar la percepción de que podíamos contraer la neumonía asiática en vez de los riesgos reales. Necesitábamos convertir nuestra incertidumbre en una comprensión realista de nuestras posibilidades de contraer la enfermedad, que eran extremadamente bajas para cualquier individuo.

Personalizar demasiado un riesgo minúsculo extiende el pánico, y cuando la gente cae presa del pánico, tiende a tomar menos precauciones. ¿Cómo podía saber una persona si tenía la neumonía asiática? La respuesta era que si tenía fiebre, dolores musculares y dificultad al respirar, no tenía la neumonía asiática, sino que lo más probable es que tuviera gripe.

Miedo a los asiáticos

La pequeña sala de espera de mi oficina, que está a tres manzanas del Centro Médico de la Universidad de Nueva York, estaba tan atestada de gente como debían estarlo todas las de la ciudad, con pacientes sentados prácticamente unos encima de otros. Al igual que en el metro, parecía como si los gérmenes aquí pudieran contagiarse más rápidamente que en otras partes, y casi siempre esperé que mis pacientes contrajeran el virus que su barrio estaba albergando. Pero ya fuera que el riesgo de contraer algo de otro paciente fuera real o imaginario, una cosa era segura: el estrés de vivir y trabajar en la ciudad hacía que lo pareciera. Añadido a todo ello, en la primavera de 2003 tuvimos aparentemente el riesgo tangible de la neumonía asiática. Mi sala de espera estaba llena de pacientes, todos ellos desbordándome con la misma pregunta.

«¿Puede ser que tenga la neumonía asiática?», me soltó de buenas a primeras un paciente. Sin que la hubiesen llamado, una secretaria contestó: «Debe preguntárselo al médico».

Mientras tanto, por el aparato de televisión de trece pulgadas que estaba en medio de la sala no paraban de hablar sobre la neumonía asiática y mis pacientes recibían información actualizada cada hora.

El señor Ho, un arquitecto asiático-americano, había venido a verme por primera vez. Nadie se sentó a su lado en la sala de espera, y cuando tosió, la habitación se vació de golpe. En mi sala de reconocimiento, el señor Ho me anunció que acababa de regresar de Hong Kong. Viajaba a China y Hong Kong por negocios una vez al mes más o menos, pero debido al efecto del miedo de la neumonía asiática sobre la economía de allí, había perdido su último encargo y había tenido que regresar. En el avión que le traía de vuelta a casa nadie quiso sentarse a su lado.

Acudió a mí con tos y síntomas de un resfriado, pero sin fiebre, dolores musculares o dificultad al respirar. Al escuchar esto, quise ponerme una máscara, pero acabé por ponerme unos guantes. Mi paciente quitó importancia a sus síntomas, dándose cuenta claramente de que yo (el médico) podría estar preocupado por la neumonía asiática.

«Es tan sólo un resfriado», dijo. «Parecía que remitía, y luego volvió un poco. Son sólo cosquillas.»

Sin decir la palabra mágica, le tranquilicé diciéndole que lo que tenía no parecía algo siniestro, sino más bien una simple bronquitis.

Le di un antibiótico y lo envié a su casa.

Después, de repente me sentí nervioso, pensando en mis dos hijos. Los médicos no son inmunes a las preocupaciones sobre el contagio. En mi caso, la preocupación no desapareció completamente hasta que me di una ducha e irracionalmente me limpié el remanente psicológico de mi miedo. Fue lo mismo que solía hacer con el SIDA en la década de 1980, me lavaba las manos después de visitar a un paciente que pudiera padecerlo.

Una semana más tarde, el señor Ho volvió a mi oficina con una sonrisa, en vez de la tos. Durante esa semana, el espectro de la neumonía asiática se había extendido por el mundo más rápidamente que incluso la enfermedad en sí misma. Aunque no se había informado ni de un solo nuevo caso en nuestra ciudad, los neoyorquinos estaban cada vez más atemorizados y se iban volviendo más cautelosos.

Asia estaba más aislada que antes, y el señor Ho no tenía ninguna perspectiva laboral allí. De vuelta a Nueva York, pensaba que la gente tenía en cuenta sus rasgos asiáticos y le evitaba por la calle. De hecho, podía ver que esto ocurría en mi sala de espera, donde los otros pacientes no sólo le evitaban deliberadamente, sino también cualquier cosa que tocase.

Así que, ¿por qué sonreía el señor Ho? En mi consulta me confesó que de hecho había tenido miedo de padecer la neumonía asiática, pero ahora que sabía que no la tenía, creía que poseía un magnífico futuro por delante.

La neumonía asiática en la ciudad de Nueva York

Los neoyorquinos, para empezar, son una pandilla nerviosa, y nuestros médicos no son ninguna excepción. La mayoría de nosotros, doctores y pacientes, somos como Zeligs[1] médicos; al igual que este personaje de Woody Allen, asumimos los síntomas e incluso la personalidad de la última amenaza. El estrés de vivir en una ciudad superpoblada distorsiona las percepciones hacia la dirección del miedo. La literatura científica que analiza la salud de los residentes de nuestra ciudad muestra que un porcentaje desproporcionadamente alto de los adolescentes de Nueva York padecen trastornos alimentarios relacionados con un alto nivel de estrés.

1. Se refiere a la película Zelig, de Woody Allen, donde el personaje del mismo nombre va cambiando de personalidad adquiriendo la de la persona con la que está sucesivamente. (*N. del T.*)

La misma bibliografía revela que, proporcionalmente, la relación de adultos que sufren de enfermedad coronaria por la misma razón es más alto. Después de estudiar este fenómeno, la revista *Psychosomatic Medicine* informó en 1999 que estas enfermedades se deben a la presión que se vive en Nueva York.

Los neoyorquinos intentamos compensar la presión que sentimos prestando más atención a nuestros síntomas, a cada picor y cada dolor agudo, como si esta vigilancia pudiera protegernos de un entorno siempre hostil. Nuestro control del miedo es neurótico. Siempre al borde del pánico, acudimos al médico más a menudo e intentamos usar redes de seguridad y salvaguarda de la salud para protegernos de la caída libre definitiva. El *Journal of Urban Health*, en diciembre del 2002, describió cómo la gran urbe de Nueva York ha construido un elaborado sistema sanitario.

Nueva York también posee más medios de comunicación que ningún otro lugar, por lo que nos saturamos más rápidamente y nos sentimos pinchados por las últimas habladurías. Sentimos la presión más pronto, pero luego utilizamos nuestra extensa red de seguridad para volvernos insensibles al último virus del día con más rapidez, sólo para acabar en primera línea ante el siguiente temor. Es realmente como estar en una montaña rusa.

En la época del miedo a la neumonía asiática, finalmente desarrollamos un nuevo tipo de recurso. Aunque los neoyorquinos siempre tosen y siempre se quejan, nunca había escuchado toses tan nerviosas antes. Siempre parece que estemos a punto de contraer alguna enfermedad, o al menos nos quejamos de que quizá podríamos contagiarnos de algo. En la primavera de 2003, cada carraspeo parecía más significativo y cada persona resfriada que conocíamos parecía inquietantemente aquejada de la enfermedad.

El teléfono de mi oficina no paraba de sonar con quejas respiratorias. Sabía muy bien que no podía hacer frente a estas preocupaciones con la estadística directa de cero muertes por neumonía asiática en Estados Unidos. No quería parecer que le quisiera quitar importancia a un riesgo potencialmente grave, incluso aunque ese riesgo fuera remoto.

Tras un mes con la neumonía asiática de moda, los neoyorquinos empezaron a construir una inmunidad al miedo.

Según el CDC, había sólo dos casos probables de neumonía asiática en la ciudad de Nueva York en mayo del 2003, y al final resultaron no ser de neumonía asiática. Así que nuestros filtros respiratorios se juntaron con las máscaras de gas y el alijo de antibióticos en nuestros diminutos armarios.

La neumonía asiática: cuando el humo se aclaró

En julio del año 2003, mucho después de que la neumonía asiática hubiese desaparecido de los titulares de las noticias, se determinó que había infectado en todo el mundo a 8.400 personas, de los que 774 habían muerto, con 33 casos probables en Estados Unidos y ninguna muerte. Después de analizar toda la información de este brote, la OMS concluyó que la neumonía asiática no se extiende tan fácilmente a través del aire, sino que requiere grandes gotas de la respiración.

La agencia Associated Press informó en octubre que el miedo a un posible retorno de la neumonía asiática era tan grande en Estados Unidos que incluso si no hacía acto de presencia, el CDC esperaba que las salas de emergencia estuvieran atestadas con casos sospechosos. Estaban preocupados porque los médicos con experiencia limitada en la neumonía asiática pudieran confundir la neumonía asiática en sus inicios con la gripe.

«Tanto si el virus regresa o no este invierno, trataremos la neumonía asiática», afirmó el doctor James Hughes, director del Centro Nacional para las Enfermedades Infecciosas del CDC. «Cuando la gente empiece a mostrar síntomas de enfermedades respiratorias, los médicos pensarán que se trata de la neumonía asiática. Puedo decirle que estamos más preparados que antes», dijo Hughes. «Creo que la comunidad global puede manejar la neumonía asiática si se controla de manera apropiada. Creo que hemos aprendido suficientes lecciones del brote anterior.» Las investigaciones sobre una vacuna y los tratamientos antivirales ya estaban en marcha.

Para febrero del año 2004, el brote aún no había estallado, sólo hubo tres casos en Asia y ninguno en el continente norteamericano. Pero el nuevo «virus del día» era la gripe, no la neumonía asiática. Hughes se había equivocado. A principios del 2004, la neumonía asiática era como un recuerdo lejano.

Realmente no sabemos qué detuvo el brote de neumonía asiática en la primavera de 2003. Quizá simplemente siguió su curso. Parece probable que lavarse las manos y aislar a las personas infectadas ayudó, tal y como sugería el *New York Times* en un editorial a principios de noviembre de 2003. Pero no había ninguna evidencia directa para que el *Times* tuviera razón al concluir que «dichas tácticas, apuntaladas por las cuarentenas y la restricción de viajes aéreos, detuvieron la epidemia la última vez».

Todo ello costó miles de millones de dólares e irónicamente el editorial del *Times* acababa diciendo lo contrario y llamando a la precaución de cara al uso futuro de tácticas agresivas para la neumonía asiática con un «reconocimiento de los costes de cualquier cierre de las actividades económicas normales».

Pero gracias a la histeria generada por la neumonía asiática, el sistema estaba ahora preparado para afrontar reacciones masivas desproporcionadas a nivel mundial. Si una enfermedad remitía, las organizaciones sanitarias y los medios de comunicación se pondrían la medalla por su victoria sin un estudio científico auténtico que demostrara que tenían razón. Si una enfermedad parecía escaparse de las manos, las noticias en los medios continuarían informando de ella sin siquiera reconocer la manera en que ellos (los medios) estaban alertando instantáneamente el sentido público del riesgo. En China, Zhong Nanshan, un científico que había tratado el primer brote de la neumonía asiática, tenía un plan más práctico. Recomendó encarecidamente a la gente que se abstuviera de escupir en público y de comer animales en estado salvaje.

8

La otra gripe

A principios de diciembre del año 2003, las televisiones y radios de todo el mundo intentaron cubrir sin descanso el «brote de gripe». Médicos practicantes aparecieron en múltiples cadenas para responder a las súbitas preocupaciones.

Marvin Scott, el presentador de fin de semana de la WB11 en Nueva York, un hombre con una voz televisiva clásica y sonora, mentón cuadrado y los hoyuelos de un periodista veterano, pareció sentirse insultado cuando no lo reconocí.

Irrumpió en mi consulta de color azul cielo en la fría tarde de invierno del 10 de diciembre con su cámara y su agenda a punto. Algunos niños habían muerto, y él parecía querer que yo dijera que todos los padres deberían estar preocupados. Su primera pregunta fue sobre lo que deberían hacer los padres para proteger a sus hijos.

Aconsejé con cautela que los padres no deberían reaccionar de manera exagerada. Los sorbidos de que se quejaban los niños podían muy bien ser el resultado de un resfriado común, mientras que la gripe tiende a manifestarse con fiebre repentina, escalofríos, dolores musculares agudos y dolores de cabeza.

«Han muerto once niños en un Estado», dijo dramáticamente. «El número está creciendo. ¿Se trata de una epidemia?»

Las preguntas de Scott no saldrían en la televisión, sólo mis respuestas, en forma de declaración de 60 segundos. Para mí era importante no pronunciar una sola frase que pudiese alimentar las habladurías. Le dije que la muerte de gente joven era claramente una tragedia, pero no una epidemia.

«¿Los padres deberían evitar que sus hijos acudieran a la escuela?»

«Los padres deberían animar a que sus hijos se laven las manos y también deberían hacer que sus hijos enfermos se quedaran en casa. Pero la gripe está muy lejos de extenderse lo suficiente como para considerar el hecho de cerrar las escuelas.»

«¿Qué deberían hacer los padres?»

«Durante todo el día el teléfono de mi oficina suena con padres que quieren inyecciones de la gripe para sus hijos.»

«¿Y qué les dice?»

«A los padres les digo que las inyecciones de la gripe no son estrictamente necesarias a menos que sus hijos tengan asma u otra enfermedad crónica.»

Para cuando se marchó de mi oficina, Marvin Scott parecía más calmado. Tenía tendencia a creer en las habladurías, pero podía reconocer hechos ciertos. Era verdad que habían muerto algunos niños (20 o 30 hacia el 12 de diciembre). Aún no se sabía cuántos habían sido en total. Aun así, el peligro para cualquiera de nosotros o de nuestros hijos seguía siendo mucho más remoto de lo que parecía.

La percepción de la gripe era mucho peor que la realidad. Esto es lo que les dije a mis pacientes: había que cerrar las escuelas si ocurría una avalancha, no por un chaparrón. Nuestra gripe de 2003 era un chaparrón, no una tormenta. Debido a que estábamos en una alerta de gripe destacable, era fácil confundir cada tos o estornudo con ese mal virus, pero los médicos normalmente eran capaces de saber si sus pacientes estaban exagerando o de hecho requerían una atención inmediata.

El brote anual

Antes del año 2003, la gripe era un agente mortífero doméstico habitual apenas apreciado. Tradicionalmente no recibía la atención que merecía porque ésta se destinaba al último virus del día. Pero 36.000 personas mueren a causa de la gripe en Estados Unidos cada año, aunque muchas no se vacunaron como deberían haberlo hecho. En años anteriores, la gripe simplemente no había preocupado a suficiente gente.

En otoño de 2003, todo eso cambió de la noche a la mañana, cuando médicos como bustos parlantes empezaron a decir a los telespectadores por qué debían preocuparse: era una estación más avanzada de lo habitual, un virus de la gripe peor de lo habitual, y la vacuna realmente no podía hacía frente a esta gripe, por lo cual la gente se preocupó por si podía matar a sus hijos. Pero la auténtica epidemia no provino del virus de la gripe, sino del miedo a la gripe.

El CDC y la FAO asumieron la posibilidad de tener que reaccionar con cada contagio potencial, y una vez más agarraron el megáfono de los medios de comunicación tan pronto como algunos niños empezaron a morir por la gripe a finales de noviembre. Recibí cientos de llamadas de pacientes sanos reclamando la inyección de la gripe, una vacuna que rápidamente empezó a escasear. Una joven paciente sana, a quien no había visto en más de 2 años, me llamó urgentemente pidiendo una inyección porque su hermana tenía miedo de dejarla que visitase al bebé que iba a tener en dos días si no se había puesto la vacuna. Fui capaz de frenarla un poco señalando que dos días no eran suficientes para que la inyección hiciera efecto. Incluso a estas alturas de la preocupación, nadie sabía si la gripe iba a ser peor que en años anteriores, cuando los medios de comunicación le habían prestado poca atención.

Espanta a un grupo y mata a otro

Mientras entre 70 y 80 millones de personas habían recibido la vacuna de la gripe el año anterior en Estados Unidos, a otros 70 millones se les aconsejó que se la pusieran, pero no lo hicieron. Los trabajadores sanitarios, las personas con enfermedades respiratorias o crónicas, las embarazadas, los ancianos y cualquier persona que pudiera estar en contacto directo con la gripe figuran en la lista del CDC de las personas a quienes se recomienda que se vacunen. La gripe afecta al 20% de la población estadounidense en un año dado, y más de 200.000 personas son hospitalizadas de media. La vacuna de la gripe anual generalmente se considera efectiva para prevenir la gripe entre un 40 y un 60%.

El CDC informó que había 85 millones de dosis de la vacuna disponibles en el año 2003, teniendo en cuenta que los fabricantes de vacunas basaban su provisión de ese año comparándola con el uso del año anterior. En el año 2002, habían tenido que deshacerse de más de 10 millones de dosis no usadas, y no estaban dispuestos a repetir ese desperdicio en el 2003. Esta manera de determinar la provisión inevitablemente condujo a una escasez en un año en que las muertes devastadoras fueron retransmitidas y amplificadas por los medios de comunicación. A principios de diciembre de 2003, la gente clamaba por la vacuna incluso aun cuando las provisiones empezaban a escasear.

La FAO tiene un sistema de vigilancia de la gripe global que incluye 112 centros regionales. Estos centros estudian los primeros modelos de la gripe anual en Asia y Sudamérica. La FAO, entonces, intenta adivinar qué tipos predominantes se presentarían aquí y fabrica la vacuna para los serotipos más comunes. Desgraciadamente, en el año 2003, la cepa *Fujian* de la gripe A, que iba a causar muchos estragos, no estaba incluida en la vacuna debido a la dificultad de ser reproducida mediante cultivo.

Historia de la gripe

La gripe es una plaga antigua, cuyos orígenes se remontan, al menos, a los días de Hipócrates, que registró un brote de una enfermedad que empezaba con tos y le seguían la neumonía y otros síntomas, en Perinthus, en la Grecia clásica en el año 400 a.C.

Hubo varias pandemias (una enfermedad que se extiende ampliamente en una vasta región) en el siglo XVIII, pero el brote más masivo que haya ocurrido nunca fue en 1918, un tema que ya abordé en el capítulo 3. Como también he mencionado, en 1968, la gripe de Hong Kong mató a 700.000 personas en todo el mundo, y esto seguramente nos preparó para el pánico de la gripe porcina de 1976, cuando el brote era minúsculo, pero el apresurado programa de vacunación condujo a más de 1.000 casos del síndrome de Guillain-Barré, una forma de parálisis. Afortunadamente, la actual versión de la vacuna de la gripe (aunque esté anticuada) es mucho más segura que la precipitada vacuna utilizada en 1976.

Los expertos en la gripe están de acuerdo en que es probable que tenga lugar otra pandemia en algún momento. Algunos modelos epidemiológicos prevén que, sólo en los países industrializados, es probable que la futura plaga provoque entre 57 y 132 millones de visitas de pacientes sin hospitalizar, y entre 280.000 y 650.000 muertes en menos de dos años, o al menos entre cinco y diez veces lo que tendemos a experimentar en un año de gripe corriente. Sin embargo, estos modelos no tienen suficientemente en cuenta que una vacuna desarrollada rápidamente puede enlentecer el contagio. Una «inmunidad para las multitudes» quizá ya haya tenido lugar mediante una vacunación previa o la exposición a cepas de gripe similares. Estos modelos también pasan por alto el efecto de los modernos tratamientos médicos que evitan complicaciones y disminuyen la gravedad de la enfermedad. La comunicación puede ayudar a controlar o extender el virus de una pandemia, dependiendo de si el término operativo es la moderación o el pánico.

Al igual que con pandemias previas, el impacto de la próxima gripe es probable que sea el más grande en los países en desarrollo, donde los recursos sanitarios son escasos y la población en general está debilitada por una salud y una nutrición precarias. Así que la FAO trabaja para ampliar la vigilancia de la gripe y la red de contención.

Una razón del riesgo del potencial pánico desproporcionado es que resulta casi imposible predecir cuándo puede ocurrir una pandemia. El suceso ocurre sólo una vez cada 50 años, pero cuanto más lo vemos comentado en los medios, más personalizamos la inseguridad, convenciéndonos de manera irracional de que cada año que viene será el año clave.

Cómo se hace un virus del día

Antes de 2003, la gripe pasaba casi inadvertida. Había una percepción de la sanidad pública, ampliamente sostenida aunque sobre la que poco se hizo, de que necesitábamos más vacunas, aislar más a las personas enfermas y lavarse las manos con más frecuencia. Cuando vi por vez primera que la gripe ocupaba los titulares, esperaba que la súbita atención arrojase luz sobre estas precauciones básicas. Desgraciadamente, el miedo a la gripe del año 2003 no condujo necesariamente a una prevención como es debido, sino que igual que pasa con todos los virus del día, implicó un gasto significativo.

A mediados de diciembre, la gripe había completado su transición de un agente mortífero discreto al último grito en forma de virus del día. El 12 de diciembre ya corría por internet que la gripe se había extendido por los 50 estados de Estados Unidos. La gripe provoca esto cada año, aunque en general no hasta enero, y en años anteriores la mayoría de la gente que no había tenido la gripe le prestaba poca atención.

La doctora Julie Gerberding, directora del CDC, era la portavoz oficial de la gripe, igual que lo había sido para cada virus del día desde el carbunco. Parecía haber ganado más confianza y conocimientos desde la neumonía asiática, y en esta ocasión intentaba ser la voz de la razón.

Pero, una vez más, abordó el fenómeno sin reconocer que la percepción de una plaga era una creación de los medios de comunicación. «Creo que lo que estamos viendo es una reacción natural a las preocupaciones sobre una temporada de gripe importante», afirmó el 12 de diciembre en el programa *Today* de la cadena NBC. «Pero también es necesario recordar que, para casi todo el mundo, la gripe no es una enfermedad tan grave. No hay necesidad de caer presas del pánico o de asumir que va a tener lugar la peor de las situaciones posibles para todo el mundo. La mayoría de nosotros pasaremos por esta gripe sin complicaciones», dijo.

Mientras tanto, miles de personas en todo el país hacían cola para conseguir vacunas para la gripe allá donde pudieran encontrarlas, básicamente como reacción al miedo que se estaba extendiendo. El gobierno federal anunció que estaba enviando con urgencia 100.000 dosis de vacunas para adultos para combatir la escasez, esperando atajar lo que consideraban que podría ser uno de los peores brotes de gripe en años, y se esperaba que 150.000 vacunas infantiles estarían listas para enero. El gobierno, para mostrar que se estaba preparando, ayudó a extender el sentimiento de urgencia. Por todo el país empezaron a cerrarse escuelas. Las salas de emergencia se llenaban con niños enfermos, muchos de los cuales simplemente estaban resfriados. Las consultas de los médicos se vieron forzadas a echar a multitudes de personas que buscaban inyecciones para la gripe. En una encuesta de internet entre 30.000 personas, hubo un 57% que dijo que no se podía hacer nada más, pero el 43% creía que esta vacuna no ofrecía la protección adecuada. Los dos fabricantes de vacunas, Chiron y Aventis, habían enviado todos sus suministros, aunque Aventis había apartado 250.000 dosis que destinaba al CDC para su distribución. El CDC también consiguió 375.000 dosis más para Gran Bretaña.

Gerberding dijo que el CDC recomendaba a los médicos que diesen prioridad a los grupos de alto riesgo para las inyecciones. A pesar de la gravedad de los principios del brote, ¡los expertos sanitarios aún no eran capaces de predecir hasta qué punto sería mala esa gripe! La temporada quizá no había llegado aún a su punto álgido.

Fin de la sorpresa

A mediados de diciembre, el gobierno continuó sus prisas para encontrar dosis extra de vacunas (como en 1976) para ayudar a dominar el pánico que había ayudado a crear. El doctor Walt Orenstein, el director del Programa Nacional de Vacunación del CDC, avivó las llamas del miedo anunciando que esto seguía pareciendo una mala temporada de gripe para los ninos. En general mueren 92 niños en un año normal de gripe; aún era demasiado pronto para saber si este número crecería en la temporada 2003-2004, aunque los padres en todas partes, alimentados por la cháchara de los medios, siguieron actuando como si así fuera.

Los rumores entre los médicos eran que no era habitual que niños sanos murieran de esta gripe. Esta observación tan poco científica, aunque sólo afectaba a unas pocas docenas de pacientes en toda la nación, ayudó a extender el pánico. Entonces, de repente, las noticias de los medios de comunicación dejaron de informar sobre la gripe. El CDC estaba empezando a utilizar la palabra «epidemia» cuando los medios mostraron su déficit de atención y cambiaron de dirección.

De hecho, los horrores de la gripe del año 2003 pasaron desapercibidos por la captura de Saddam Hussein. En la mañana del 14 de diciembre de 2003, Paul Bremer, al administrador norteamericano de Irak, anunció: «Señoras y señores, lo tenemos». El mensaje era ése porque este hombre malvado había sido capturado y el mundo era, por definición, mucho más seguro. Los medios emitieron este mensaje principal durante más de una semana, excluyendo cualquier mensaje sobre algún temor. La famosa filmación de vídeo de la boca de Saddam con una espátula sobre la lengua reemplazó todas las imágenes de niños enfermos en camillas de hospital. El sentimiento de alivio que sentimos se transmitió a muchos aspectos de nuestras vidas. Pasamos por una semana con un «sentimiento de seguridad» y amontonamos la gripe en el grupo de cosas de las que automáticamente nos sentíamos más seguros. La gripe desapareció de los titulares, así que dejamos de pensar en ella. De la manera más breve, parecía como si nada mortífero en absoluto pudiera tener lugar ahora que el peor monstruo del mundo estaba a buen recaudo.

Contemplar la seguridad en estos términos simplistas (que el mundo, con un Saddam derrotado y sacado de su agujero, de repente estaba seguro, cuando antes no lo había sido) era una distorsión, una perversión de los hechos. Era como si este logro militar supusiera de alguna manera una cura para todas nuestras enfermedades, y para todas las enfermedades potenciales, incluyendo la gripe. En realidad, no éramos ni más ni menos susceptibles al riesgo de la gripe de este año que el día anterior a la captura de Saddam, cuando la gripe no paraba de comentarse en internet, en la agencia Associated Press y en los noticiarios ininterrumpidos de las cadenas por cable. La repentina transición de un pánico palpable a una total indiferencia sirvió para subrayar hasta qué punto nuestros miedos estaban manipulados y, en definitiva, no relacionados con los peligros reales.

«No hay una línea clara que divida lo que es una epidemia y lo que no lo es –enfatizó Gerberding el 19 de diciembre, cuando la gente ya no prestaba atención–. Pero creo que cuando se miran los mapas con una actividad tan extendida en 36 estados, lo vemos desde una perspectiva de sentido común como una epidemia.» El CDC dijo que su centro de operaciones de emergencia había estado en funcionamiento durante dos semanas, pero en vez de alarmarse por esta declaración, los medios de comunicación apenas hablaron de ella y aquellas personas que sabían del tema, lo ignoraron. El carbunco, el virus del Nilo Occidental y la neumonía asiática habían puesto muy nerviosa a la gente, aunque de hecho mataran a menos de 50 personas entre las tres enfermedades en el hemisferio occidental. La gripe, un agente mortífero demostrado de 36.000 personas al año sólo en Estados Unidos, se ignoró al principio para luego convertirse en una obsesión y luego volvió a ser ignorado. Si había un resquicio de esperanza ante toda esta distorsión inducida por el miedo, era que el aumento de la conciencia pública podría ayudar al sistema sanitario a contener la gripe en el futuro (con tal de que cierta conciencia de la auténtica enfermedad permaneciera una vez los medios hubiesen trasladado su foco de atención a otro tema).

La secuela: vacuna para la gripe, 2004

En agosto del 2004, la doctora Gerberding, del CDC, declaró: «El tiempo de ser complacientes con la gripe se ha terminado».

El doctor Anthony Fauci, director del Instituto Nacional para las Alergias y las Enfermedades Infecciosas, declaró en la CNN: «Realmente ahora existe una fuerte presión para desarrollar vacunas para la gripe que protejan contra muchos de estos virus, incluyendo la actual gripe aviar».

Fauci, un experto mundial en enfermedades, habló con su habitual gravedad, lo que desgraciadamente dio la impresión de que había un brote en marcha.

Sin prueba alguna, y con un riesgo mínimo, el ciclo de la preocupación empezaba otra vez, y tenía como portavoz involuntario a uno de nuestros científicos más reputados.

La inyección de oro

En otoño de 2004, la primera muerte relacionada con la gripe anual no vino de la enfermedad, sino de una anciana que murió mientras hacía cola cuando esperaba la vacuna. Este desgraciado suceso se añadió a los anales de la enfermedad, en que el pánico siempre ha matado a mucha más gente que la enfermedad en sí misma. El anuncio de que 50 millones de vacunas para la gripe, del fabricante Chiron, no estarían disponibles en Estados Unidos debido a una posible contaminación, puso automáticamente en un apuro al CDC y su credibilidad quedaba, una vez más, dañada. Habían apretado el pedal del acelerador de la vacuna de la gripe anual y recomendado encarecidamente a la gente que consiguiera una inyección, pero de repente tuvieron que echar el freno, y su confianza, por supuesto, sonaba hueca.

«Respiren hondo, esto no es una emergencia», dijo la doctora Gerberding, intentando cambiar instantáneamente su imagen apocalíptica por otra más terapéutica.

El pánico repentino de la gente con el miedo en la memoria de la gripe del año anterior preparó el camino para la inyección, pero ahora no era posible acudir a ningún lugar, y ese pánico era probable que provocase una estampida de los buscadores de inyecciones. El CDC había ayudado a crear un nuevo monstruo. La gente sana y frenética podía quitarles fácilmente la vacuna a los pacientes ancianos y fatigados que en realidad la necesitaban para protegerse de enfermedades graves. Los intentos del CDC para reconducir este problema fueron infructuosos.

El completo fiasco de las vacunas para la gripe fue un ejemplo de una preparación inadecuada junto a una expectación exagerada y un temor a quedarse sin ellas. Una de las principales razones de que una escasez como ésta pudiera ocurrir es que, en primer lugar, los fabricantes de fármacos no están entusiasmados en producir vacunas. Las vacunas son caras. Sin una patente para sostener altos precios, los márgenes de beneficio para las vacunas genéricas son limitados. Como he mencionado en capítulos anteriores, el cultivo en huevos de gallina que aún se usa para producir vacunas se ha de reemplazar por los últimos avances en ingeniería genética, pero este cambio implica una inversión de miles de millones de dólares.

Olvidémonos del altruismo o de la preocupación por los pacientes, ya que no son una parte esencial de la ecuación de los fabricantes de fármacos. Los laboratorios farmacéuticos no son propensos a fabricar un producto con el que no puedan conseguir mucho dinero. La única solución viable para el gobierno para prevenir el pánico a una súbita escasez es intervenir y apoyar con subvenciones la fabricación de esta vacuna. El plan de adquirir vacunas no usadas no es suficiente; en primer lugar, es mucho más importante asegurar la producción de un número adecuado de vacunas.

En vez de eso, el Congreso aprobó sólo la mitad de los 100 millones de dólares solicitados en el año 2003 para desarrollar mejores vacunas para la gripe y mejorar el sistema de distribución.

Los británicos no acabaron con la misma escasez, a pesar de que el desastre de la fabricación de Chiron tuvo lugar en su propio suelo, debido a que dependen de varios fabricantes y el gobierno compra todas las provisiones, por lo que la población no necesita preocuparse.

En contraste, a finales de octubre del 2004, las autoridades sanitarias norteamericanas empezaron a reaccionar urgentemente para compensar nuestras dosis perdidas con la ayuda de las provisiones de otros países. Canadá tenía un excedente de dos millones de dosis de vacunas para proporcionar a Estados Unidos, según David Butler-Jones, representante de la sanidad pública de Canadá, pero resultaba difícil autorizar la comercialización a tiempo en Estados Unidos para la gripe del año 2004. Había seis fabricantes en el mundo que producían 200 millones de dosis para otros países en el 2004, pero sólo había dos, Chiron y Aventis, que fueran enteramente responsables de los 100 millones de dosis que necesitaba Estados Unidos.

En Alemania no existe la misma urgencia para la vacuna de la gripe. Un estudio llevado a cabo por el Instituto Robert Koch de Berlín, en noviembre de 2003, mostró que la tasa regular de vacunación de gripe en

Alemania es sólo del 23,7%. Las cifras son superiores para las personas mayores de 60 años, pero en general los alemanes se muestran menos temerosos de la gripe que los estadounidenses, a pesar de que un porcentaje comparable, de 5.000 a 8.000 personas, mueren a causa de la gripe en Alemania cada año. En el 2004, Alemania tenía 20 millones de dosis de la vacuna disponibles para su uso, y no informó de ninguna escasez.

La diferencia con respecto al tema del temor a la gripe entre los países puede ser de tipo cultural. Una mujer de 99 años de Alemania del norte que conozco no sólo no cree en las inyecciones de la gripe, sino que cree en las duchas de agua helada por la mañana y abre las ventanas de los dormitorios sin calefacción incluso en invierno. Y aun así no es más irracional que aquellas personas que creen que la inyección de la gripe es una panacea.

En Estados Unidos, las prisas por hacerse con la inyección del año 2004 se basaban en el miedo, no en pruebas médicas científicas. La escasez tan difundida a los cuatro vientos provocó un repentino sentimiento de necesidad. Y para cuando en enero se había despejado el humo al haber comprobado que se trataba de otra gripe suave, existía un embarazoso excedente de inyecciones que la gente ya no quería. Para entonces, la atención de los medios de comunicación se desviaba al mortífero tsunami en el otro lado del mundo y nadie pensaba ya en la gripe, excepto las pocas personas que la padecían.

El terror biológico en vez de la gripe

En vez de prepararse para la gripe, el gobierno estadounidense ha estado ocupado gastando miles de millones de dólares acumulando millones de dosis de vacunas para el carbunco (que no parece que vayan a utilizarse en un futuro próximo) y más de 200.000 dosis de la vacuna para la viruela (sin que haya tenido lugar un solo caso en Estados Unidos desde 1949). Estas acciones se han llevado a cabo, al menos en parte, para que parezca que el Departamento de Seguridad Nacional se toma la amenaza de los agentes biológicos en serio. Un ataque de bioterrorismo seguramente afectaría sólo a unos cientos de personas o, en el peor de los casos, a miles de personas a la vez, y, sin embargo, las caras preparaciones son para millones de víctimas potenciales.

La empresa Bioport fabrica actualmente la única vacuna de carbunco, un estricto proceso de seis dosis del que muchos reclutas militares se han quejado porque les provoca un síndrome parecido al de la gripe. Pero el temor a un ataque de carbunco desde el año 2001 ha hecho que el gobierno norteamericano haya encargado a esta empresa 75 millones de dosis de la vacuna. Dado que ésta es perecedera, y no hay carbunco en Estados Unidos, buena parte de lo que se produce se acaba tirando. De manera similar, presa del pánico por la viruela en el 2002 y el 2003, el gobierno adquirió 291.400 dosis de las anticuadas vacunas del virus vivo, desechando el 90% de ellas debido al temor a los efectos secundarios y la falta de necesidad.

Mientras tanto, el CDC ha determinado que al menos 105 millones de norteamericanos podrían beneficiarse de la vacuna de la gripe, ya sea porque están en riesgo de ponerse muy enfermos o porque están en contacto directo con las personas que sí lo están. Y aun con la escasez del año 2004, la provisión disponible de vacunas para la gripe ese año fue sólo de unos 54 millones de dosis. El CDC pronto empezó a suplicar a Aventis para que produjera más, pero la empresa sólo puso a su disposición un millón de dosis adicionales. ¿Era esto todo lo que podía hacer o todo lo que iba a hacer? Nadie con quien hablé en la fábrica fue capaz de darme una respuesta.

El gobierno, en vez de gastar todo su dinero destinado a vacunas en la producción de vacunas casi inútiles para el bioterror, hubiera hecho una mejor inversión aportando una subvención más cuantiosa para que al menos se hubieran producido 100 millones de dosis, lo que hubiera calmado los nervios y quizás, incluso, salvado vidas.

¿Quién consigue la inyección?

La sala de espera de mi oficina estaba llena de pacientes sanos frenéticos que habían venido sin pedir cita previa, todos ellos ansiaban la codiciada vacuna del año 2004. Mi teléfono sonaba incesantemente con la misma pregunta: ¿Ya la tiene? Les dije a la mayoría que no, aunque había suplicado y conseguido de mi proveedor habitual cinco frascos, cantidad suficiente para 50 de mis pacientes más enfermos. Pero no le dije esto a nadie porque quería evitar una estampida. La vacuna de la gripe es útil, pero no es la llave que lleva a la buena salud.

Mucha gente pasa el invierno sin haber contraído la gripe. La mayoría de mis pacientes se las arreglarían sin problemas sin ninguna inyección en el año 2004, pero el hecho de saber que había escasez de vacunas había afectado a su capacidad de razonamiento. Ofrecí a mis pacientes ancianos y crónicos una vacuna contra la neumonía, de la que tenía una buena provisión, pero incluso a pesar de ponerse esa inyección apenas parecieron tranquilizados por mi observación de que era a menudo la neumonía la que hacía que los pacientes con gripe fueran los más enfermos. Los pocos afortunados que tuvieron su inyección para la gripe no se inmutaron por el pinchazo de la aguja, pero suspiraron casi con un alivio palpable cuando el suero protector entraba en sus músculos. Para los demás pacientes recomendé vivamente que se lavaran las manos con frecuencia y que aislasen a los enfermos de gripe, pero motivados por las noticias, los que buscaban frenéticamente una inyección ignoraron esta perspectiva más calmada.

En el 2004, fui obligado por las autoridades sanitarias a dar la vacuna que tenía a los más ancianos, los más jóvenes, los más enfermos, las embarazadas y los trabajadores sanitarios. Se trataba de una buena política, porque tenía muy pocas inyecciones.

Dentro de esta política, yo programé mi propia subpolítica: dar la vacuna sólo a aquellas personas que ya habían pedido cita y las que llamasen y estuvieran más enfermas. Igual que muchos otros médicos, había dejado a un lado las visitas de mi consulta a principios de otoño para dar estas vacunas, y no tenía ni suficientes citas ni suficientes inyecciones de la gripe para tantas personas presas del pánico.

Tranquilicé a aquellas personas que no estaban bajo un gran riesgo y me guardé algunas de esas 50 inyecciones para el personal de mi oficina, mi mujer embarazada y mis ancianos padres. Por primera vez en muchos años me vi impulsado a racionar los suministros, lo que me hizo considerar debidamente qué pacientes eran más susceptibles de padecer una infección seria.

Decliné cobrar los precios más altos por darle una inyección a un paciente anciano. Un médico poco ético podría hacer dinero rápido bajo estas circunstancias en las que la gente es presa del pánico, pero también podría ir a la cárcel por fraude médico.

Una noche hice una visita fuera de mi horario, llevando un frasquito a Long Island. Uno de mis pacientes, enfermo crónico, era un viejo amigo que estaba obligado a quedarse en casa con una pierna inmovilizada y cogí el coche para ir a verle. Se sintió aliviado al ver la jeringuilla, la almohadilla con alcohol y, especialmente, el frasquito. Pero después, cuando estaba a punto de irme, me detuvo. «¿Le puede poner también una inyección a mi mujer?»

Estaba de pie, en la entrada, una mujer de cincuenta y pocos años, ansiosa por una inyección para la gripe, pero que no estaba entre las personas a las que iba destinada la inyección. «No –dije–. Puedo perder mi licencia si pongo esta inyección a gente que no debo. Piense en la gente que realmente está bajo riesgo.» Ella estaba a punto de rendirse, pero él no. «¿Y no puede hacer una excepción?», me suplicó.

La tensión era tan grande que se me cayó el precioso frasquito. Pensé que había oído cómo se agrietaba al caer al suelo, y estaba seguro de que se había roto. Ellos me miraron ansiosamente mientras me agachaba para recoger el elixir mágico y lo recuperaba mientras se iba rodando. Por fortuna, el contenido estaba intacto.

«De acuerdo –dije nerviosamente–. Quizás ella también esté en un grupo de riesgo, ya que usted lo está y ella está en contacto directo con usted. Puedo ponerle a ella una inyección.»

Suspiraron y me dieron las gracias varias veces, más de las que lo habían hecho la última vez que la atendí con éxito por una neumonía.

Me sentí bien, como un Robin Hood médico. Fue sólo después, volviendo a casa en coche, cuando pensé en mi menguada provisión y tuve en cuenta a un frágil paciente asmático que tenía una cita en mi oficina en unas semanas y al que no podría suministrar la inyección debido a la dosis que acababa de dar a otra persona.

9

¿Sabemos que es una pandemia cuando la vemos? El SIDA frente a la gripe aviar

A finales de enero de 2004, estaba claro que la gripe humana de la temporada había tocado techo y estaba desapareciendo. Irónicamente, se trataba de una temporada de gripe suave. Era algo fortuito, ya que las inyecciones para la gripe suministradas en otoño de 2003 eran para un tipo de gripe ligeramente diferente del que de hecho estábamos experimentando, y el Centro para el control de enfermedades informó que la vacuna de ese año no había tenido éxito a la hora de disminuir los síntomas de la gripe. La enfermedad simplemente había seguido su curso anual, a pesar del pánico generado por la escasez de vacunas.

El 24 de enero de 2004, sin embargo, de repente empezamos a oír hablar sobre la gripe aviar H5N1, el nuevo virus del día potencial. El *New York Times* lo sacó en portada, creando un sentido de inmediatez y una importancia excesivas: «El anuncio, hecho por el Gobierno tailandés el viernes, ha profundizado los miedos hacia una epidemia global si el virus se combina con otro que pueda transmitirse de persona a persona».

El Gobierno de Tailandia, según se dice, había suprimido la información sobre las aves enfermas durante semanas para proteger la producción de pollos, como China había omitido la información sobre los pacientes enfermos con neumonía asiática el año anterior para proteger el turismo. Una vez descubierta, esta omisión avivó los miedos.

El Departamento de Salud e Higiene Mental de la ciudad de Nueva York lanzó un nuevo mensaje público el 28 de enero del 2004 que alertaba a los proveedores sanitarios de la amplia extensión de brotes de gripe aviar del tipo A en las aves de corral domésticas y en las aves silvestres en diez países de Asia, donde a principios de febrero también había infectado a más de 20 personas entre comerciantes de aves y sus parientes, de los que 14 murieron. Si alguien había viajado recientemente a Asia y había regresado a Nueva York con síntomas respiratorios, se le pedía que informara al departamento de salud. Si esta alerta de la sanidad pública se expandía, podía estallar el pánico.

Las aves, como portadoras de enfermedades, tienen el potencial de asustarnos. Igual que las diminutas garrapatas que llevan la enfermedad de Lyme y los mosquitos zumbadores que transportan el virus del Nilo Occidental, podían estar en cualquier lugar y en todas partes. Lo que es peor, de hecho podemos ver a estas aves en bandadas allá donde vamos, de manera ominosa. Pero en términos de una gripe aviar que nos afecte, como ya he explicado en capítulos anteriores, el contagio de persona a persona es extremadamente improbable a menos que tenga lugar la mutación del virus. Miles de virus de la gripe aviar nunca hacen el viaje hasta los seres humanos.

Un editorial del *New York Times* del 30 de enero de 2004 reconocía que «la amenaza para los americanos es virtualmente inexistente», pero seguía declarando que «las autoridades sanitarias se afanan para preparar una semilla del virus para la producción de vacunas, aunque la producción a gran escala podría requerir meses». El problema con este tipo de retórica era que a la vez que recomendaba calma, sin quererlo extendía el miedo.

Aún no ha llegado a nuestras costas

A pesar del hecho de que ni una sola ave infectada ha escapado del continente asiático, Lee Jong-Wook, director general de la Organización Mundial de la Salud (OMS), también había ayudado a alimentar la fobia a los pollos el 28 de enero de 2004 cuando pronunció la frase: «Ésta es una seria amenaza global para la salud humana».

Mientras tanto, volviendo al año 2004, yo creía empecinadamente que como un virus del día americano, la gripe aviar no produciría el mismo impacto que los otros mientras no cruzara el océano.

Estaba equivocado, como demostraré. En otoño del año 2005, tras el paso del huracán Katrina, la gripe aviar se convirtió en un virus del día a gran escala simplemente debido a su potencial.

El virus ya estaba causando estragos por toda Asia a principios del año 2004 y hacía revivir los recuerdos de la neumonía asiática a pesar de que en esta ocasión las víctimas eran aves, puesto que eran pocos los seres humanos que habían muerto. Más de 100 millones de pollos, cuervos y patos murieron por toda Asia, la mayoría por sacrificios ordenados por los gobiernos más que por la enfermedad en sí misma. Resultaba difícil saber cuántas matanzas de aves eran necesarias para poder controlar la enfermedad. Pero en el proceso, un segundo virus, el miedo, se extendió cuando la gente pudo ver en televisión y en los periódicos vívidas imágenes de gente sin protección lanzando pollos muertos en fosas o metiéndolos vivos en sacos; esto fue suficiente para extender la histeria local y amenazar con una crisis económica, al igual que ocurrió con la neumonía asiática.

En Estados Unidos, miles de pollos eran exterminados en Delaware debido a otra gripe aviar sin ninguna relación, que no fue tan siniestra y no hizo sonar la alarma pública (aunque China prohibió la importación de pollos procedentes de Estados Unidos, igual que Japón había prohibido la de terneras debido a un único caso de la enfermedad de las vacas locas).

No se ha llevado a cabo ningún estudio para determinar cuántos pollos tenían que ser sacrificados para prevenir el contagio significativo de una gripe aviar incluso aunque sólo fuera entre las aves.

Un factor clave que evitó que corriera el pánico a las aves entre los americanos a principios del año 2004 fue que todavía no estábamos preparados para afrontar otra gripe. En ese momento estábamos insensibilizados a los virus de la gripe tras el temor que se produjo debido a la escasez de la vacuna para la gripe humana anual. A finales del año 2005, la gripe aviar vino hacia nosotros como un ave lanzándose en picado, como si no tuviera relación con la gripe anual.

Aun así, la primera señal que nos asustó a finales del año 2005 se realizó a principios de 2004. El *Wall Street Journal* incluyó un provocativo titular de portada el 28 de enero del 2004: «El brote de gripe aviar revive las preocupaciones avivadas por la neumonía asiática».

Este artículo describió las pobres condiciones de la sanidad pública que iban a provocar el miedo: «Los animales y la gente que viven en espacios muy apretados y a veces insalubres; el pobre control del ganado; unos trabajadores sanitarios más equipados paralizados por los gobiernos locales tan ansiosos por evitar el pánico y los daños económicos que sus acciones llevaban a la ocultación».

La doctora Julie Gerberding, del CDC, citó en el artículo: «Esto podría ser un grave problema si no se contiene la epidemia en Asia». ¿Qué epidemia era ésa? Quizá quería decir la epidemia de la gripe aviar.

El *Journal* respaldó el tema de su portada con otra historia, titulada: «Los científicos se afanan por crear la vacuna para la gripe aviar por si acaso».

¿Por qué todas estas prisas?

El artículo del *Journal* aportó la respuesta en un destacado: «Algunos expertos se preocupan porque el virus podría mutar en una supergripe humana, como ocurrió en la pandemia de 1918-1920». Aquí se invocaba una vez más el temor de 1918. Y el drama definitivo: «Hemos de pensar acerca de la mortandad potencial de una cantidad significativa de la población», dijo el doctor David Fedson, antiguo empleado del fabricante de vacunas Aventis.

¿Actuaba el doctor Fedson como un mercenario? El miedo podía presionar al gobierno para apretar la tecla del pánico, acumulando cantidades masivas de vacunas que deberían desecharse si no se utilizaban en tres años.

Las vacunas son perecederas, el miedo no.

El potencial draconiano de la gripe aviar

John Barry, autor de *The Great Influenza: The Epic Story of the Deadliest Plague in History* (*La gran gripe: la épica historia de la plaga más mortífera en la historia*), tenía razón acerca de la necesidad de prepararse e informar, siempre que esta información estuviera bien razonada. Escribió en un artículo editorial en el *USA Today*, el 10 de febrero de 2004: «Debe hacerse un esfuerzo de información pública para convencer a la gente de la amenaza y de una gran cooperación. Desde la perspectiva de la sanidad pública y la seguridad nacional, la gripe aviar en Asia ya debería haber recibido una plena atención de cada gobierno del mundo».

La cooperación entre científicos y gobiernos es esencial para desarrollar una estrategia de prevención para cualquier enfermedad grave, incluida la gripe aviar. Pero también es igual de esencial, mientras se conciencia a la población para conseguir el apoyo para que se aprueben los programas necesarios, aprender maneras de informar sin generar alarma. Una vez se ha provocado el miedo o la preocupación, resulta difícil para las personas procesar la información sin personalizarla demasiado y magnificar la amenaza. Los costes económicos y psicológicos del miedo son demasiado grandes como para desempeñar un papel en algo que no sea la amenaza más inminente.

A principios del 2004, parecía ser la televisión y no la prensa la que emitía una nota recomendando precaución. Las noticias por cable no cubrían el tema de la gripe aviar tanto como el *New York Times* o el *Wall Street Journal*. Un productor de la CNN me dijo que «no querían dar la impresión de estar generando un sensacionalismo con este tema».

La breve preocupación por la gripe aviar en el 2004 había remitido en febrero, sustituida por preocupaciones domésticas. Sin embargo, todo esto cambiaría pronto, en otoño de 2005, cuando cabezas de gallos, ojos salvajes y picos de color rojo rubí de incontables gallinas aparecieron masivamente en las pantallas de las salas de estar de Norteamérica.

En el año 2004, eminentes científicos que estudiaban en los laboratorios de todo el mundo, se estaban interesando demasiado por el último virus que aparecía en las noticias. Con los contagios publicitados, nuestros expertos de la sanidad pública fácilmente dejaron a un lado el rigor de su educación y cayeron en la trampa de las habladurías. La sanidad pública se había enmarañado demasiado con los medios de comunicación, y los expertos en enfermedades infecciosas habían empezado a utilizar automáticamente el megáfono de los medios para emitir su mensaje.

Es cierto que la gripe aviar, si muta en un virus que pueda contagiarse de persona a persona, podría causar otra pandemia mundial, quizá tan mortífera como la de 1918. Pero muchos virus y bacterias poseen el potencial de causar daños; depende de los departamentos de sanidad pública distinguir entre lo posible y lo que constituye una amenaza inminente. La información sobre las enfermedades es contextual: nunca es una situación de todo o nada, tal y como aparece en las noticias.

Durante los años 2004 y 2005, el CDC continuó sus demostraciones públicas de vigilancia para todas las amenazas sanitarias. Dirigido por la doctora Gerberding, reaccionó con rapidez con múltiples conferencias de prensa a cada amenaza que se percibiera como nueva.

Nuestros expertos en sanidad pública continuaron utilizando términos como «vigilancia» y «apresurarse para dar con una vacuna» a la hora de describir una reacción necesaria para la gripe aviar. Fueron los mismos términos que utilizaron para la neumonía asiática y anteriormente para la viruela y también para al virus del Nilo Occidental. No son palabras informativas; no nos aportan ninguna revelación especial sobre riesgos sanitarios, y no nos ayudan a discernir un riesgo potencial de un riesgo que ya está en marcha. Más allá de informarnos mal de los inminentes riesgos sanitarios como la obesidad y el tabaquismo, las frases pegadizas de la sanidad pública podrían aportar también información errónea. Claramente, la necesidad epidemiológica de seguirle la pista a una enfermedad emergente antes de que se nos escape de las manos no es lo mismo que decir que la población entera está ya bajo riesgo.

Parte del problema es que los científicos de laboratorio a los que nunca se les ha enseñado cómo hablar en público aparecen de repente citados en los periódicos o salen declaraciones suyas en las pantallas de televisión, habiéndoseles pedido que describan en tres minutos algo que quizá lleven toda una vida estudiando. Existe una comprensible presión para que lo que digan suene importante o excitante, pero esta presión conduce con facilidad a la distorsión y a la exageración.

Así que acumulamos millones de dosis de vacunas para la viruela anticipándonos a un ataque que no llegó, y para protegernos contra un virus que no había hecho enfermar a nadie en Estados Unidos desde 1949. Cuando se nos echó encima el momento de miedo y preocupación, nuestros expertos de la sanidad pública hicieron que nos preocupáramos aún más. Desgraciadamente, en el caso de la viruela, estas vacunas eran perecederas, y dado que apenas nadie estuvo de acuerdo en ponérselas, esto supuso que millones de dólares invertidos en prevención tuvieran que tirarse a la basura.

A diferencia de los puntos clave para las frases pegadizas usadas en televisión, los criterios para publicar un artículo en una revista científica importante son muy estrictos. Se ha de estudiar un número determinado de pacientes para estar seguro de que el estudio es estadísticamente significativo. A menudo los estudios están doblemente ocultos, lo que significa que no se pueden saber los resultados antes de tiempo. Existe una necesidad de controles cuidadosos, y toda la información se ha de comprobar una y otra vez. Ningún científico que no se respetase a sí mismo lo haría de otra manera. ¿Por qué los criterios deberían ser menos estrictos cuando los científicos informan al público sobres estos mismos temas de salud?

El miedo a la gripe aviar en el año 2005

Durante buena parte de 2004 y 2005 no oímos mucho sobre la gripe aviar, aunque continuaba afectando a las aves domésticas de Asia. Los americanos tienden a prestar poca atención a los temas de salud de fuera del continente hasta que los perciben como algo que les amenaza directamente.

Entonces, a principios de octubre del 2005, cuando pasó el huracán Katrina, se publicaron dos nuevos estudios sobre la estructura molecular de la gripe española del año 1918 en las reputadas revistas *Nature* y *Science*, y Gina Kolata reveló en un artículo de portada del *New York Times,* el 6 de octubre de 2005, que «el virus de la gripe de 1918, la causa de una de las epidemias más mortíferas de la historia, se ha reconstruido y se ha descubierto que es una gripe aviar que saltó directamente a los seres humanos, según anunciaron dos equipos de científicos federales y universitarios. Era la culminación de un trabajo que empezó hace una década y que implicaba coger diminutos fragmentos del virus de 1918 a partir de pedacitos de tejido pulmonar de dos soldados y una mujer de Alaska que murieron durante la pandemia de 1918».

Este artículo parecía afirmar que se acababa de descubrir que el virus de 1918 fue una gripe aviar que había saltado a los seres humanos, pero esto ya se sabía desde hacía muchos años. Y cada estudio durante los últimos diez años había mostrado un poco más de la estructura del virus y determinado cómo dio el salto; los últimos dos estudios fueron simplemente un anexo del trabajo previo.

Desgraciadamente, este artículo y otros similares ayudaron a alimentar la preocupación de que algo estaba a punto de suceder con el actual virus de la gripe aviar H5N1. Este sentido de inmediatez y descubrimiento en los medios de comunicación invitaron a la comparación no sólo con el virus de 1918, sino con la misma pandemia, a pesar de la diferencia significativa en la estructura del actual virus en comparación con el virus de 1918, y de las diferencias fundamentales en cuidados sanitarios y recursos comunicativos que existían en 1918 respecto de los de ahora.

El mismo día, en la portada del *Wall Street Journal*, apareció el siguiente titular: «Estados Unidos ve la necesidad de prepararse mejor contra la gripe aviar». Bernard Wysocki Jr. escribió: «En medio de crecientes preocupaciones acerca del contagio de la gripe aviar a los humanos, la administración Bush planea reforzar la producción de vacunas en Estados Unidos, comprar grandes cantidades de fármacos antivirales y establecer un detallado sistema para coordinar los esfuerzos federales, estatales y locales para responder a una pandemia».

Estaba claro que la gripe aviar era un problema. Desgraciadamente, entre un consenso que crecía rápidamente sobre que algún tipo de gripe aviar mutaría y provocaría la siguiente pandemia (cuándo aparecería y cuán grave sería, nadie podía decirlo), toda la atención de los medios de comunicación llevaban consigo una urgencia implícita que hizo que todo el mundo pensara que el momento en que una mutación pavorosa provocase una pandemia estaba cerca. Pero no había prueba alguna de esto.

Además, aunque el súbito interés de la gente por la gripe aviar parecía presionar a la administración Bush para que destinara fondos para estar preparados para una pandemia, lo que de hecho era positivo, también había la cuestión clave de en qué se iba a gastar el dinero. La acumulación de cantidades de Tamiflu perecederas y la nueva vacuna de la gripe aviar iban a suponer una buena parte de cualquier plan que se malgastaría a menos que tuviera lugar una pandemia en un estrecho período de tiempo. Y aunque ningún experto sanitario podía culpar al gobierno por prepararse para un gran desastre sin importar lo pequeño que fuera el riesgo en un momento dado, el repentino interés en el tema también hizo que mucha gente considerase el hecho de acumular fármacos.

Pero la acumulación personal de fármacos es algo problemático, porque entonces es el paciente el que decide cuándo tomar un fármaco que no está indicado en ese momento, pero sí que tiene efectos secundarios y puede generar resistencia, haciendo que sea menos útil.

El dinero estaría mejor invertido si se empleara para establecer una red integrada de responsables sanitarios a nivel mundial, nacional y local. Y lo más recomendable en el caso de la gripe aviar sería un esfuerzo mundial para combatir la enfermedad en las aves.

A principios de aquella misma semana, el presidente Bush empezó a hablar públicamente por primera vez sobre sus preocupaciones acerca de una posible pandemia de gripe. Mencionó utilizar al ejército para poner en cuarentena a ciudades enteras si fuera necesario, lo que constituía un mensaje de temor instantáneo. Su intención estaba clara: mostrar que en caso de otro desastre nacional del alcance del huracán Katrina o mayor, esta vez el gobierno federal estaría preparado para reaccionar a tiempo.

Se citó ampliamente a Bush diciendo que tenía sus ideas y que estaba preocupado por una posible pandemia tras leer la excelente obra de John Barry sobre la pandemia de la gripe española de 1918, *The Great Influenza: The Epic Story of the Deadliest Plague in History* (*La gran gripe: la épica historia de la plaga más mortífera de la historia*), y algunos expertos comentaron irónicamente que el presidente hubiese hecho mejor en leer otra obra maestra de Barry, sobre la gran inundación del Mississippi de 1927, antes del huracán Katrina.

George J. Annas, presidente del Departamento de Derecho Sanitario, Bioética y Derechos Humanos en la Boston University School of Public Health, escribió un sonado artículo editorial en el *Boston Globe*, el 8 de octubre de 2005, calificando como «peligrosa» la idea de Bush de utilizar al ejército en una pandemia de gripe y afirmando que se había hecho una lectura sesgada del libro de Barry. Annas señaló que aunque se utilizó la cuarentena con éxito en 1918 en la isla americana de Samoa, Barry sugirió en su epílogo un plan nacional exhaustivo, no una demostración de fuerza para afrontar una futura pandemia de gripe. Pero Annas tampoco estaba de acuerdo con el subsiguiente uso de las palabras de Barry «cuarentena extrema» y escribió que «planear una cuarentena "brutal" o "extrema" de grandes zonas de Estados Unidos crearía más problemas de los que podría resolver». Annas continuaba describiendo convincentemente las limitaciones de la cuarentena. «Primero, históricamente las cuarentenas masivas de gente sana que pueda haber estado expuesta a elementos patógenos nunca han conseguido controlar una pandemia, y casi siempre han hecho más daño que bien debido a que normalmente implican una discriminación atroz contra algunas clases de gente (como inmigrantes o asiáticos) que son vistos como "enfermos" y peligrosos... La cuarentena no es ninguna solución mágica... La cuarentena y el aislamiento a menudo son falsamente equiparados, pero la primera implica a gente que está sana, mientras que el aislamiento se hace con gente enferma. La gente enferma debería ser tratada, pero realmente no necesitamos al ejército para forzar el tratamiento... Enviar soldados para poner en cuarentena a grandes cantidades de gente, lo más probable es que genere pánico y que la gente huya (y contagie la enfermedad), igual que en China, donde corrió el rumor durante la epidemia de la neumonía asiática de que se pondría en cuarentena a la ciudad de Pekín, lo que hizo que 250.000 personas huyeran de la ciudad esa noche... El auténtico desafío público sanitario será la escasez de personal sanitario, camas de hospital y fármacos... Y una acción efectiva contra cualquier tipo de virus de la gripe requiere su identificación precoz y el rápido desarrollo, fabricación y distribución de una vacuna y diversas modalidades de tratamiento... Si la lección de 1918 es utilizar al ejército para poner en cuarentena a una gran masa para contener la gripe es que se ha hecho una mala interpretación. Y ni la medicina ni la sanidad pública son lo que eran en 1918; hacer que la sanidad pública dependa de una cuarentena masiva hoy en día es como hacer que nuestro ejército dependa de la guerra de trincheras en Irak».

Annas concluyó presentando una clara visión de cómo los federales deberían proceder para desarrollar una estrategia de prevención y contención de cara a la peor perspectiva posible de una pandemia de gripe. «La política nacional con respecto a la gripe estará determinada por las políticas nacionales. En la Primera Guerra Mundial, como dice Barry, esta política requería que no hubiera una crítica del gobierno federal por parte de la población. Esa política fue un desastre, y evitó muchas acciones de la sanidad pública efectivas... La sanidad pública en el siglo XXI debería estar dirigida federalmente, pero la política de la sanidad pública efectiva debe basarse en la confianza, no en el miedo de la población».

El único inconveniente del artículo de Annas era que contribuía a un diálogo creciente de una inminencia implícita sobre la siguiente «muerte azul» de 1918. Esto era claramente, al menos para mí, una creación de la sanidad pública y los medios de comunicación. Afortunadamente, una semana después de la publicación de los dos estudios en *Nature* y *Science*, varios periódicos, incluyendo el *New York Times* y el *Washington Post*, publicaron artículos que intentaban mostrar una perspectiva más amplia. El *Times*, en un artículo de portada escrito por Denise Grady que llevaba por título «El peligro es evidente, pero aún no está presente», citaba sabiamente a virólogos que señalaban que aunque la gripe aviar sin duda provocaría otra pandemia en algún momento, el culpable podría muy bien no ser el virus H5N1. Y cuando tuviera lugar una pandemia, la medicina moderna, los esfuerzos de la sanidad pública y la comunicación y la cooperación a nivel mundial evitarían que ocurriera otra devastación similar a la de la gripe española.

En el *Newsday*, el 12 de octubre de 2005, la especialista en temas de salud, Delthia Ricks, informó que el Instituto Nacional de Alergia y Enfermedades Infecciosas estaba probando una vacuna de la gripe aviar en ancianos y que la gente estaba «haciendo cola» para conseguirla. Se me citó en el artículo expresando precaución acerca de la posible utilidad de la vacuna. «Si la gripe aviar muta, no tenemos ni idea si lo hará en una forma en la que la vacuna actual sea útil... no es que el virus no tenga una tendencia a ser mortífero, pero ahora mismo básicamente está matando a las aves, y antes de que pueda matar sistemáticamente a la gente, tiene que mutar primero.» También en este artículo el doctor Len Horovitz, neumólogo en el Hospital Lenox Hill en Manhattan, dijo que creía que era importante probar clínicamente una vacuna, aunque al final podría ser que no mutase. «Sin duda, hay mucha histeria, y ahora mismo, creo que necesitamos poner las cosas en perspectiva».

¿Cómo podemos prepararnos?

En el recién creado *Weekend Wall Street Journal*, el 22-23 de octubre de 2005, un editorial abordó el tema de la preparación para la gripe aviar. El punto central del artículo era analizar hasta qué punto estamos preparados para la enfermedad, sin importar el riesgo actual, para hacer las vacunas necesarias para protegernos. «Sea cual sea el riesgo, cierta buena voluntad saldrá de esta alarma pública si la empleamos como una oportunidad para entender por qué Estados Unidos está ahora tan mal preparado para hacer frente a un brote de gripe mortífero. La razón es que nuestra clase política ha pasado los últimos treinta años haciendo que la industria de las vacunas se salga del negocio con su propio virus a causa de una regulación excesiva, control de los precios, pleitos y abusos de la propiedad intelectual.»

El *Journal* tenía razón al considerar que la fabricación de la vacuna estaba tan mediatizada por aspectos políticos y legales que impedía actualizarla con nuevas tecnologías cruciales. Tal y como declaraba el artículo de manera elocuente: «la industria posee nuevas tecnologías revolucionarias (genética inversa y cultivo celular de mamíferos) que reduciría drásticamente el tiempo y los costes del desarrollo».

Pero el *Journal* estaba equivocado al concluir finalmente que la solución suponía que el gobierno debía implicarse menos en vez de más. Por supuesto, no se podía contar con la industria privada para trabajar sin regulación, confiando en que garantizara su propia seguridad, mientras que a la vez se pudiese depender de ella para producir un suministro adecuado en el momento de una crisis repentina.

Cuando a finales de octubre de 2005 el presidente Bush propuso al Congreso destinar una partida de 7.100 millones de dólares para prepararse para una pandemia, parecía entender sólo este punto: que el Gobierno necesitaba estar directamente implicado en la fabricación de la vacuna para asegurar la tecnología actualizada. De hecho, su plan requería 2.700 millones de dólares sólo para este propósito, mientras que también enfatizó la necesidad de una reforma legislativa para proteger a los fabricantes de fármacos contra los pleitos.

Un editorial del Congreso, «El desconcertante plan para la pandemia de la gripe», publicado el 20 de noviembre de 2005, defendía este aspecto del plan de Bush, pero señalaba que su puesta en práctica era indefinida.

Otros críticos del plan señalaron la falta de fondos a los centros sanitarios estatales y locales, lo que sería crucial para coordinar la atención sanitaria en caso de una pandemia de cualquier tipo. Y se destinaron mucho menos de 1.000 millones de dólares para combatir la enfermedad en las aves, cuando si se controlaba, el riesgo final para los humanos sería mucho menor. Otras personas criticaron los más de 2.000 millones de dólares que se destinaron para la acumulación de vacunas para la gripe aviar y Tamiflu. Algunas personas dijeron que era muy poco y demasiado lento (sólo 20 millones de dosis de vacunas, que no se acumularían hasta el año 2009), mientras que otras, entre las que me incluyo, señalaron que esta provisión, al igual que con la que se hizo para la protección del terror biológico, se desecharía si no se utilizaba en el caso del peor escenario posible porque caducaba en tres años. Además, si el virus aviar mutaba, resultaba difícil saber si la vacuna actual y el Tamiflu serían efectivos.

¿A quién hay que poner en cuarentena?

El 22 de noviembre de 2005, el *New York Times* informó que el CDC había abierto diez nuevos centros de cuarentena en los principales puertos de entrada a Estados Unidos, y tenía la intención de abrir varios más, para controlar atentamente la gripe aviar. Esto se hacía en previsión de cualquier posible mutación, mientras que en el pasado los centros de cuarentena han sido útiles durante los brotes mundiales para ayudar a prevenir el contagio de la fiebre amarilla (1878) y el cólera (1892) en el país. El programa fue esencialmente desmantelado en la década de 1970 con la erradicación de la viruela, pero recientemente se ha renovado en respuesta a la preocupación por el terror biológico y la neumonía asiática.

La cuarentena, aunque resulta útil durante un brote de una enfermedad emergente, ha sido limitada históricamente debido al miedo. La gente cuyos movimientos están restringidos tiende al pánico, y éste hace que las personas tomen menos precauciones y, por lo tanto, contagien más la enfermedad. Por consiguiente, aislar a las personas infectadas ha resultado ser una técnica mucho más efectiva históricamente que aislar regiones enteras.

Un problema a la hora de considerar la cuarentena en la actualidad es que la gripe aviar en su actual forma no se ha transmitido de persona a persona, y montar centros de cuarentena con la gripe aviar en mente sería como enviar un mensaje de que la mutación es inminente y no haría más que echar más leña al fuego de los temores.

Ya tenemos una pandemia

No querría minimizar la enfermedad humana y la muerte de los comerciantes de aves en China, pero mientras el mundo disparaba su obsesión con la gripe aviar en el 2005, el SIDA continuaba infectando a más de 40 millones de personas en el mundo, y esta cifra se ha doblado en una década. Según un informe de las Naciones Unidas, el SIDA mató aproximadamente a 3,1 millones de personas en el año 2005, con más de 5 millones de casos nuevos. Según Peter Piot, director ejecutivo del programa sobre el SIDA de las Naciones Unidas, los 5 millones de nuevos casos es la mayor cifra que se ha producido en un año desde el principio de la epidemia.

Asia cuenta, más o menos, con un 20%, lo que supone unos 8,3 millones de los 40 millones de casos en todo el mundo. Aunque han sido castigados con la gripe aviar, mientras tanto, las Naciones Unidas señalaron mediante un informe que el virus de la inmunodeficiencia humana (VIH) ha sido encontrado en todas las provincias de China, básicamente debido a la prostitución y al uso de agujas por drogadictos. En China, el 60% de las personas infectadas por el VIH contrajeron la infección por tomar drogas. Sólo unas 20.000 personas recibían tratamiento antirretroviral del VIH en 28 provincias.

El SIDA avanzó despiadadamente en el año 2005, infectando a nueve personas cada minuto, destruyendo familias, sociedades y economías por todo el mundo, pero especialmente en el África subsahariana, con tres millones de nuevas infecciones de VIH, casi dos terceras partes del total de nuevos casos en todo el mundo. El mayor aumento tuvo lugar en Europa del Este y Asia Central, donde la tasa de infecciones por el VIH aumentó un 25% hasta alcanzar a 1,6 millones de personas.

Un raro aspecto positivo en el tema del SIDA ha tenido lugar en Kenia, donde los índices de VIH se han reducido un 3% en los últimos cinco años, en parte debido a las campañas de educación que fomentan las pruebas de VIH y el uso sistemático del preservativo.

La estrategia de prevención estándar del VIH ha mantenido que la clave del éxito es aumentar el acceso al tratamiento con fármacos antirretrovirales. Una vez los pacientes son conscientes de que existe un tratamiento disponible, se sienten más inclinados a hacerse pruebas; y cuando saben que son seropositivos, se les puede aconsejar e informar para intentar evitar más contagios.

Según Lee Jong-Wook, director general de la OMS, «la disponibilidad del tratamiento aporta un incentivo poderoso para que los gobiernos puedan dar su apoyo y para que las personas busquen información sobre la prevención del VIH y voluntariamente pidan consejo y se hagan pruebas».

Desgraciadamente, los ojos del mundo están puestos en otra parte. El SIDA nos espantó más en Occidente en la década de 1980 cuando sabíamos menos de él y teníamos poca idea de cómo tratarlo. Ahora que las terapias actuales salvan miles de vidas del VIH cada año, mostramos demasiado poco interés en asegurar que estos tratamientos se extiendan por todo el mundo, a los lugares donde más se necesitan. Desde el momento en que la medicina occidental ha dirigido la respuesta a las infecciones que han surgido en África y Asia, el hecho de que en Estados Unidos estemos más asustados por la amenaza distante de la gripe aviar que por la omnipresente amenaza del SIDA es algo relevante.

Sólo aproximadamente un millón de personas estaban tomando fármacos antirretrovirales en países de renta baja o media en junio de 2005, dos millones por debajo del objetivo de la OMS.

Sólo una de cada diez personas infectadas por el VIH en el mundo ha recibido tratamiento. Es evidente que se necesita más dinero y más medicamentos. No sería justo decir que estos recursos se están desviando a riesgos teóricos como la actual gripe aviar; por otro lado, la comunidad sanitaria mundial no posee medios financieros y educacionales ilimitados.

En el mundo occidental hubo 1,2 millones de casos de VIH en el año 2005. Estados Unidos pasó de un millón de infectados por primera vez en el año 2003. Estados Unidos y Europa occidental, las únicas regiones en las que el tratamiento antirretroviral está disponible, han informado dc 65.000 nuevos infectados por el VIH en el pasado año, en parte debido a inmigrantes procedentes de países con epidemias del SIDA más graves. Por supuesto, la falta de énfasis en la distribución y el uso de preservativos llevan a un efecto de bola de nieve de la enfermedad.

La evolución del VIH de los países con menos recursos a los países con tratamientos abundantes subraya la necesidad de hacer que esta enfermedad sea mucho más una prioridad mundial. Los viajes y las comunicaciones por todo el planeta han creado una responsabilidad a nivel planetario para acabar con la enfermedad más allá de nuestras fronteras.

¿La gripe aviar es el próximo SIDA?

Empecé mi trabajo como interino en 1985, en el momento álgido de la época del SIDA. Justo unos años antes, cuando estaba en la facultad de medicina, no había casos de SIDA. Cuando conseguí mi título, la gente se moría del virus misterioso por todas partes.

Al principio del proceso, no era consciente de que esta enfermedad acabaría siendo galopante, y finalmente, en 1985, cuando vi los estragos que estaba causando y que los pacientes morían rápidamente, no tenía la esperanza de que un día el SIDA llegaría a transformarse en una epidemia tratable (o al menos controlable) gracias a la ciencia médica.

Muchos científicos y periodistas han utilizado la explosión desenfrenada, impredecible e infravalorada del VIH como justificación para reaccionar en previsión a la gripe aviar. Esto, en parte, está justificado, al menos la comprensión de que una epidemia puede escapársenos de las manos más rápido de lo que puede reaccionar la comunidad sanitaria mundial para controlarla.

Pero ¿a cuántas enfermedades emergentes deberíamos extender el modelo del SIDA, y cuántas veces podemos permitirnos equivocarnos? La sanidad pública no ha tenido muchos aciertos a lo largo de los últimos años, cuando avisó sobre la enfermedad de las vacas locas, el carbunco, la viruela, el virus del Nilo Occidental y la neumonía asiática. Ninguna de estas enfermedades ha crecido tanto como para entrar en el grupo de las enfermedades realmente mortíferas, como el SIDA, la tuberculosis y la malaria. Y aun así, se nos pregona y se nos vende como «el próximo SIDA».

En el año 2003, la neumonía asiática, como la actual gripe aviar, se esperaba que causara auténticos estragos en la comunidad mundial debido a la nula inmunidad que teníamos ante ella. Sin duda, la respuesta sanitaria mundial, incluida la cuarentena, desempeñó un gran papel a la hora de extinguir la neumonía asiática, pero la realidad auténtica era que esa enfermedad se extinguió por sí misma, y no se trataba de un virus tan infeccioso como creíamos al principio.

De manera similar, el virus de la gripe aviar H5N1 posee el potencial de hacernos daño y matar a millones de personas, pero al igual que las proteínas de los mortíferos priones de la enfermedad de las vacas locas, actualmente estamos protegidos por una barrera entre especies. Por lo tanto, ante los muchos millones de aves muertas a causa del virus así como sacrificadas selectivamente en nuestro intento de controlarlo, las cifras en cuanto a seres humanos son minúsculas: unas 130 infecciones sintomáticas conocidas y unas 70 muertes hasta la fecha.

La pregunta de los mil millones de dólares es: ¿existe una manera de que los expertos de la sanidad pública puedan predecir qué enfermedad será el próximo SIDA, o seguiremos fallando hasta que al final acertemos? La respuesta es que los científicos tienen algunas pistas. En vez de asustar a la población con el virus de la gripe aviar H5N1, es mucho más prudente analizarlo en el laboratorio, donde los estudios muestran que se trata de un virus mortífero, siempre cambiante, que aun así dista mucho de ser capaz de afectarnos de manera generalizada. Probablemente, el mejor uso de los recursos (del calibre del SIDA) con el actual virus de la gripe aviar sería continuar centrándose en las aves más que en los seres humanos.

El virus VIH se lleva en la sangre y se destruye fácilmente en el entorno, pero cuando tiene como huésped a una persona, se dirige al sistema inmunitario, el mismo sistema de células que utilizamos para protegernos. No es una sorpresa que el VIH sea un agente mortífero tan efectivo. Me sorprende más, y es un testimonio del alcance de la ciencia moderna, que se hayan desarrollado tratamientos efectivos para ello.

El virus H5N1 es muy diferente del SIDA. Tiene más salud en el medio ambiente, pero no se traspasa fácilmente a las personas. Afecta al aparato respiratorio de las aves, ahogándolas con la infección. No puede convertirse en el próximo SIDA (o en algo mucho peor que el SIDA) sin mutar antes. E incluso si llega a mutar, ha de tenerse en cuenta que los virus de la gripe matan básicamente debilitando a quien los lleva y permiten que se produzcan graves infecciones secundarias como la neumonía. Al igual que con el SIDA, podemos tratar estar infecciones a condición de que extendamos nuestra tecnología a suficientes lugares.

Las probabilidades de que tenga lugar el peor escenario posible son pequeñas, pero tal y como ha dicho Michael Leavitt, secretario del Departamento de Salut y Servicios Humanos, «no son nulas».

10

Perspectivas

Cuando finalmente mi consulta consiguió su provisión de vacunas para la gripe este año, era más tarde de lo normal, pero con mucho tiempo aún para afrontar la temporada de la gripe, que normalmente no suele empezar hasta finales de diciembre. Y aun así, el hecho de que se les ofreciera una inyección de la gripe no parecía tranquilizar a la mayoría de mis pacientes.

Un típico jueves, cinco pacientes me suplicaron que les recetara Tamiflu, y dos pidieron una inyección de la vacuna de la gripe aviar, que aún no existe.

El último paciente del día murmuró mientras se iba: «La gripe aviar nos alcanzará a todos este año».

La dificultad a la hora de informar al público acerca de una posible pandemia desde el punto de vista de un médico es que la incertidumbre acerca de cuándo o de si podría ocurrir engendra miedo. La gente asustada personaliza de manera exagerada las noticias igual que sobreinterpretan su potencial para la enfermedad, y sus preocupaciones aumentan.

El mayor problema entre mis pacientes, ahora mismo, no es la gripe aviar, sino el miedo a la gripe aviar. El mayor riesgo de una epidemia es el miedo a la epidemia.

¿De qué estamos tan asustados?

La gripe aviar es, de hecho, una amenaza, especialmente si tenemos alas.

La mayoría de mis pacientes entienden esto y ellos también saben tanto como yo que no existe gripe aviar en Estados Unidos. Lo que les espanta es la posibilidad de una pandemia. Es remota, pero real: el tipo de riesgo más difícil de poner en perspectiva.

Entonces, ¿por qué esa reacción exagerada en este caso? Las noticias del peor caso posible, incluyendo las constantes comparaciones con la terrorífica pandemia de gripe de 1918, han asustado a mis pacientes de manera desproporcionada.

Los pronósticos de cifras de enfermos o muertos en el peor caso de una posible pandemia son perturbadores. Michael Leavitt, el secretario del Departamento de Salud y Servicios Humanos, anunció el 5 de diciembre de 2005 que Estados Unidos se estaba preparando para la posibilidad de que 92 millones de americanos enfermearan en 16 semanas, con el consiguiente cierre de escuelas y negocios interrumpidos. Apenas resulta tranquilizador escuchar dichas cifras asombrosas junto a una vaga advertencia del tipo «por si acaso».

Pero tal y como he enfatizado a lo largo de este libro, incluso si aceptamos la situación que se dio con la gripe española, las condiciones sanitarias en 1918 eran mucho peores en casi todo el mundo de lo que lo son ahora. El alcance de los medios de comunicación y la sanidad actuales podría suponer una herramienta útil para ayudar a la observancia de las prescripciones médicas por parte de los pacientes. Además, los científicos y epidemiólogos más eminentes están siguiendo la pista de la gripe aviar, lo que no ocurrió en 1918 antes de la mutación esencial.

Pero en vez de esta información tranquilizadora, nuestras pantallas de televisión proyectan continuamente imágenes de asiáticos atormentados y aves enfermas. Nos enganchamos como «mirones» a las noticias, comunicadas por personas sinceras que a menudo también están demasiado asustadas. También nosotros tendemos fácilmente a decir que algo que parece imposible y que está cercano, de repente ahora es inevitable.

Agarrar el megáfono de los medios de comunicación

Si los ciudadanos temen ahora la gripe aviar, imaginemos qué ocurriría si una sola y escuálida ave migratoria portadora de la gripe se las arreglara de alguna manera para llegar a nuestras costas. Desde el punto de vista médico, sería tan problemático como aplicar una cerilla encendida a un tanque lleno de gasolina repleto de nuestros miedos acumulados. Nuestra economía daría un gran giro si a la gente le asustara venir aquí, y nuestras aves de corral serían rechazadas en todo el mundo. También acabaríamos siendo presa de los que propagan el miedo, que no dudarían en asegurar que su producto o su liderazgo sería lo único que podría protegernos.

Así es cómo funciona el miedo, cómo la epidemia del miedo (en oposición a una pandemia de la gripe) se extiende. El miedo se supone que es nuestro sistema de alarma contra peligros inminentes, pero como una emoción bien enraizada, interfiere con nuestra capacidad de emitir juicios claros. Y si hay algo contagioso ahora mismo es el juicio nublado por el miedo.

Los que propagan el miedo se están montando una fiesta juntando la gripe aviar con otros desastres mortíferos. El doctor Shigeru Omi, director regional de la Organización Mundial de la Salud en el Pacífico Occidental, dijo recientemente: «Incluso si controlamos la gripe aviar, luego vendrá la próxima... Creo que es similar a los tsunamis y los terremotos... no sabemos cuándo». Las comparaciones con los tsunamis asustan innecesariamente a mucha gente.

Desgraciadamente, las alarmas de la sanidad pública suenan demasiado a menudo y demasiado pronto. La neumonía asiática era algo que debía tomarse muy en serio, pero nuestros líderes no aprendieron las auténticas lecciones de la neumonía asiática, la viruela, el virus del Nilo Occidental, el carbunco y la enfermedad de las vacas locas: que las potenciales amenazas sanitarias se examinan de manera más efectiva en los laboratorios que en las ruedas de prensa.

Es cierto que el SIDA nos enseñó que debemos observar seriamente las amenazas emergentes antes de que se extiendan. Pero el SIDA aún mata a cerca de tres millones de personas cada año en el mundo, la tuberculosis a casi dos millones, y la malaria a alrededor de un millón de personas. Haríamos mejor utilizando nuestro radar personal del miedo contra estas enfermedades que contra una enfermedad aviar que aún está bien lejana.

El microbio oculto

En vez de fanfarronear constantemente, debería prestarse más atención al uso de los anuncios públicos de cara a las amenazas sanitarias con más probabilidades de que ocurran y de que afecten a más personas. Resulta demasiado fácil concentrarse en los riesgos de un agente mortífero siniestro, como los priones de las vacas locas o el virus aviar que los historiadores veneran.

Los microbios ocultos y mortíferos poseen una cierta fascinación oculta. Las descripciones misteriosas conjuran el miedo mucho más allá de nuestro riesgo real. Mientras tanto, son la enfermedad coronaria y el accidente cerebrovascular los que matan a más de un millón de americanos al año, son los coches los que lesionan a 50 millones de personas y matan a un millón en todo el mundo, y son los huracanes los que nos echan de nuestras casas.

¿Por qué estamos tan asustados?

La gente tiene una fijación «de mirón» con las enfermedades, y todos las personalizamos. Así que cuando nos enteramos de que alguien está enfermo, nos preguntamos si vamos a ser los siguientes. Cuando alguien a quien conocemos se le ha diagnosticado un cáncer, por ejemplo, es un impulso habitual ir a hacernos pruebas. En esta era de internet, con nuevas páginas instantáneas refrescantes, cadenas de noticias por televisión las 24 horas y ciclos de noticias que vuelven a empezar cada cinco segundos, resulta fácil abusar de nuestras tendencias de «mirones» y sentirnos falsamente alarmados.

Como humanos tenemos la capacidad de informar a nuestro mecanismo del miedo valorando los riesgos. Pero cuando oímos hablar de pandemias de la gripe aviar no sabemos cómo reaccionar, porque la información es demasiado abstracta. Podemos ser más listos que los animales, pero a menudo no lo somos.

La doctora Elizabeth Phelps, una neurocientífica de la Universidad de Nueva York, ha examinado cómo reacciona el cerebro a las amenazas imaginadas. Utilizando escáneres de resonancia magnética muy sensibles, descubrió que el centro del miedo del cerebro (el núcleo amigdalino) puede activarse en respuesta a peligros que una persona meramente observa. «Cuando lo estamos observando y se nos dice que eso nos va a ocurrir a nosotros, provoca la misma fuerte reacción a través del núcleo amigdalino como si de hecho lo estuviéramos experimentando nosotros mismos», dijo Phelps. También ha estudiado las señales de seguridad que nuestros cerebros utilizan para desactivar el miedo: resulta que el cableado del cerebro favorece mucho que el interruptor esté encendido.

Eso hace que los humanos siempre estemos en la posición de intentar apagar una reacción que a menudo no debería haberse encendido en primer lugar. Desde el momento en que nuestro radar del miedo no discrimina, liberamos hormonas del estrés innecesariamente que nos preparan para una crisis que no llega. El pulso y la presión arterial se aceleran, respiramos con más frecuencia, y del mismo modo que un coche gira constantemente a alta velocidad, es probable que acabemos por averiarnos. Lo que más me preocupa como médico es que veo a mis pacientes afectados y poco puedo hacer para detenerlo. El miedo es infeccioso, y el miedo a la gripe aviar se ha convertido en algo especialmente virulento. Existe una vacuna para este miedo: se llama información analizada con perspectiva. Desde el momento en que existe una escasez de esta vacuna, el miedo ha empezado a extenderse en todas partes. Eso es un anticipo escalofriante del horror de una auténtica epidemia.